여섯 건축가의

작은 건축들

여섯 건축가의 작은 건축들

Diminutive Architecture with 6 Architects

오섭훈
김동진
임육주
임재은
안우성
정승권

Spacetime

여섯 건축가의 작은 건축들

오섬훈, 김동진, 임육주, 임재은, 안우성, 정승권

2013년 9월 10일 1쇄 발행

발행인 김기현
발행처 시공문화사(Spacetime)
디자인 이원재

등록 1993년 3월 12일
주소 서울시 서대문구 독립문공원길 17 극동프라자 5층
전화 02) 3147-1212, 2323
팩스 02) 3147-2626

http://www.spacetime.co.kr
spacetime@korea.com

ISBN 978-89-5592-272-1 (93540)
정가 25,000원

17

• 7

도시의 스토리를 건축 속으로

'그 도시는, 그 지역은 무엇으로 색깔을 가지나'

프로젝트를 대하게 되면 머리 한쪽에서 맴도는 생각이다. 스케일의 크기나 프로그램을 막론하고 도시에서 일어나는 일상의 스토리가 건축행위의 또 다른 한 요소가 됨을 감안할 때, 근린생활시설이라는 도시의 소규모 건물의 경우는 그 속성상 이러한 상황에 더욱 더 지배적인 영향을 준다고 생각된다. 여섯 사무소의 프로젝트 소묘글을 엮어서 이러한 생각의 면면을 드러내고 같이 공유하는 것으로 서문을 대체하고자 한다.

근린생활 건물이라는 단어는 원래 주거지역에 필요한 기능을 제공하는 4~8층 정도의 건물로서 지칭하는 건축유형이지만, 그 취지와는 다르게 다양한 기능이 포함되는, 우리가 흔히 '근생' 건물이라는 새로운 건축유형을 만들어 내었다. 어쩌면 가장 자본주의 속성에 맞는, '기능이 부여되지 않은' 건물이며, 뚜렷한 기능이 부여되지 않으면서도 우리 도시에서 가장 흔히 볼 수 있는 건축유형인 것이다. 근생건물은 (대부분의 경우) 괴물이 되었고, 필요악인 측면만이 부각되었으며, 유형 자체가 좋든 싫든 우리 시대 도시의 풍경을 대표하는 하나의 상징이 되었다. _ (임재은+남수현)

근린생활시설이 시대와 도시의 변화에 대응하는 건축물이 되려면 단순히 특정 기능을 소화하는 건물이 아니라 시간에 따라 또는 주변 입점 상황에 따라 유연하게 적응하는 방식의 공간 구조는 필연적이다. 서로 연계된 프로그램들의 다양하고 의외적인 조합이 이루는 역설적 하모니가 지금의 '홍대'를 이룬 바탕이 되었듯, 상수동 Spacumer는 이곳만의 특별한 문화발현 의지에 기초가 될 것이다. 도시에서 경험한 다양한 문화적 요소들 간의 네트워크들을 마을 지역성 구축의 기반으로 활용하기 위해서는 물리적으로 고정되기보다 무언가를 지속적으로 담을 수 있는 잠재적 공간을 만드는 건축적 전략이 필요했다. _ (김동진, 로디자인)

이러한 소규모 건축물의 디자인 전략은 프로젝트의 상황에 따라, 건축주의 요구에 따라 그 중요도나 우선 순위가 조금씩 다를 수 밖에 없다. 여섯 건축가들이 겪은 상황들을 보자. 이러한 근생건축은 건축가에게 네 가지 정도의 이슈 및 고민을 제공한다. 하나는 입면이 가지는 가능성 (혹은 입면에서만 디자인적 의미를 찾을 수밖에 없는 한계)이고, 둘째는 지상에서부터 수직적으로 적층되는 형태에 대한 고민이고, 셋째는 임대를 위한 공간의 유연성 그리고 넷째는 근생건축 안에서 또 다시 나뉘는 세부 유형이다. _ (임재은+남수현)

주변은 평범한 저층 상가 건물들이 늘어서 있다. 대지가 주는 강한 잠재력 보다는 프로그램 아이디어가 우선될 수 있는 땅이라 생각되었다. (중략) 이 프로젝트의 주요 스페이스 프로그램은 1, 2층에 자동차 전시 및 판매와 3~6층의 임대 사무실로 구성 되었다. 두 개의 다른 성격의 프로그램을 잘 버무려 하나의 통합된 이미지를 갖고자 하였다. 여러 시도 끝에 하나의 강력한 surface를 접어서 이를 매개로 저층부는 투명하고, 외부와 같은 느낌의 void와 같은 자동차 전시장을 만들고, 상층부는 임대 사무실로 채워져 있는 solid의 volume을 만들었다. _ (오섬훈, 어반엑스)

건물은 전면과 후면으로 도로와 접하고 있으며, 대칭적인 파사드를 가지고 있다. 2개의 MASS는 어느 쪽이 더 많은 비중을 차지한다기 보다 동등한 비중을 가지고 있다. 이 프로젝트는 두 명의 건축주가 하나의 건물을 공유해야 했기 때문에, 각각의 의견을 반영하면서도 서로 동등함을 가져야 했다. 동등한 크기의 2개의 MASS가 각 도로에 면하여 세워지고, 그 각각의 MASS에 가로 혹은 세로의 수많은 개구부를 만들었다. 이 개구부는 2개의 MAS의 동등성은 파괴하지 않으면서, 각각의 아이덴티티를 갖게 해주었다. _(임육주, ZIP건축)

평당 200만원의 건축비를 주장하는 건축주에게 주변 건물보다 넓어 분명 수요가 있을 것이라고 조언하고 청바지처럼 디자인을 강조하면 임차인들이 모일 것이라고 설득하였다. 단순한 개념으로 청바지가 직물을 다루는 것이므로 weaving의 개념을 건물의 전면에 적용하였다. 지루하기 쉬운 가로에 교차되는 곡선으로써 생동감을 부여하고자 하였다. 평면은 전형적인 근생 기준층과 다르지 않다. 강북구 번동의 위치를 감안하여 전용율이 높도록 계획하였다. _ (안우성, 온고당)

건축주는 주니어를 위주로 하는 스튜디오를 새롭게 구상하면서 독창적인 건물을 원했다. 자연채광을 활용한 촬영을 많이 하기 때문에 빛에 대한 고려가 우선되어야 했고, 각 층별로 사진 작업의 배경이 될 수 있는 외부공간이 필요했다. 제한된 법규의 한도내에서 최대한의 연면적을 확보해야 하는 것은 물론이고, 빠르게 변해가는 도시에서 변화에 발빠르게 대응할 수 있는 공간적 융통성도 요구됐다. 최소한의 코어로 기능을 해결하고, 가변적인 기능을 반영해야 했으며 필요로 하는 면적과 프로그램들을 고려하여 공간적으로 풍부한 오픈 스페이스를 만드는 것은 쉽지 않은 상황이다. _ (정승권, 아르키움)

도시의 맥락과 건축주의 요구, 건축가 개인의 신념 등이 잘 버무려져서 도시의 소규모 건축물이 태어난다. 그런 것들이 집단적으로 때로는 주도적으로 자리를 잡아서 그 지역에 또 다른 도시의 스토리를 만들고 정체성을 형성해 간다고 생각된다.

어반엑스 건축
오섬훈 엮음

CONTENTS

임재은
+
남수현

온고당

정승권

어반엑스

어반엑스는 접두사 ex와 urban의 합성어로써 도시의 일상(urban life)을 네트워크한 우리의 복합적 작업 과정과 태도를 의미한다. free from urban 즉, 현재의 도시적 상황을 바탕으로 또 다른 도시를 꿈꾸며 Extreme, Exposition, Exposure 등의 의미로 통하는 도시의 일상을 표현하고자 한다. 도시일상에서 발생한 몇 개의 전략들이 겹쳐지거나 변주되어 큰틀의 통합된 이미지를 갖는 Nomadic flow에 관심을 갖고 있다.

어반엑스의 대표 오섬훈 건축사는 서울대학교 건축학과와 서울대대학원을 졸업하고 AA스쿨에서 수학했다. 공간건축 설계부문을 역임하였고 현재 ㈜건축사사무소 어반엑스(urbanEx) 대표이사이며 국민대학교 겸임교수로 재직중이다. 주요작품으로 통영수산과학관, 한성대도서관, 송도산업기술문화Complex, 대치동 자동차전시장, B타워 등이 있다.

17

혜화동 어반엑스 사옥

Hyehwa urbanEx building

혜화동 작은 골목길에 면해서 양 옆집 사이에 꽉 끼여있는 작은 대지에 설계사무실과 살림집을 자의반 타의반 지어야했다. 속칭 상가주택으로 작업과 숙식을 동시에 해결하는 아지트를 만드는 일이 녹록치 않았다. 주변의 민원은 고사하고도 작은 땅에서 많은 면적을 찾으려는 건축주의 마음과 건축적 성과 외 제스쳐를 남기려는 건축가의 마음이 충돌하고 타협하여 태어났기 때문이다. 공간흐름의 매개체로서 계단을 중심으로 여러 장치들이 적절히 엮여져 인상적인 장소들이 되길 바랬다.

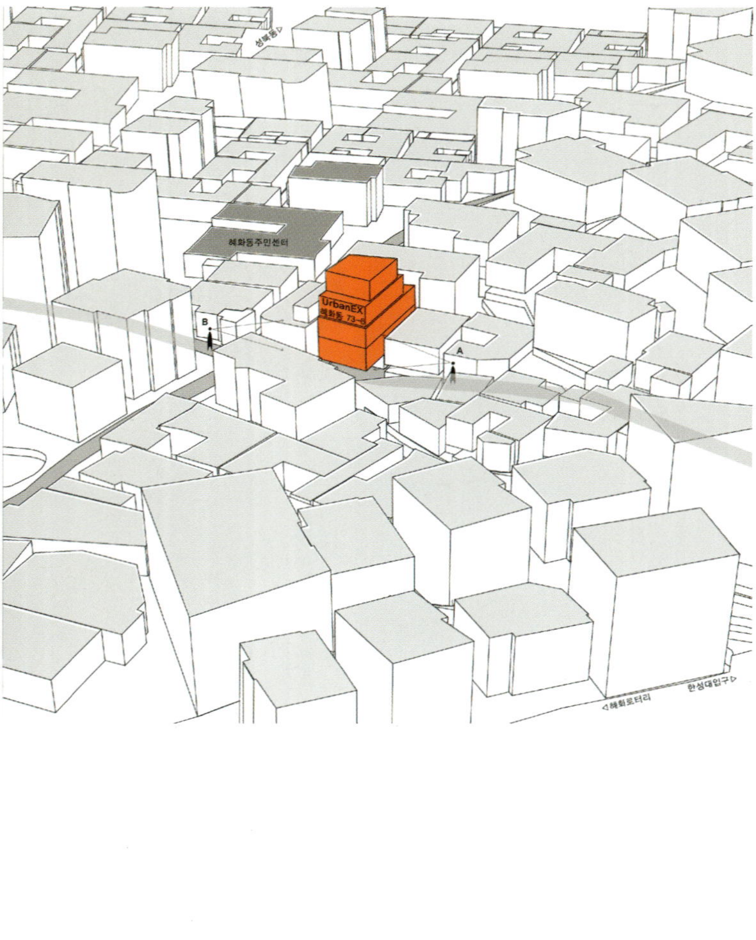

1 주변 Context 반영
2 조형에 변화를 유도
3 전통적인 색상 차용

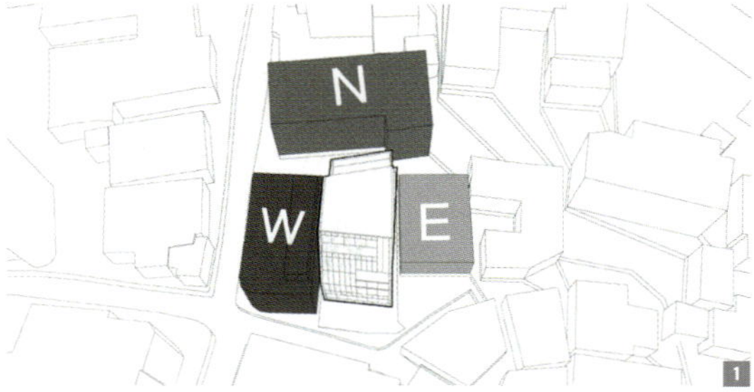

1

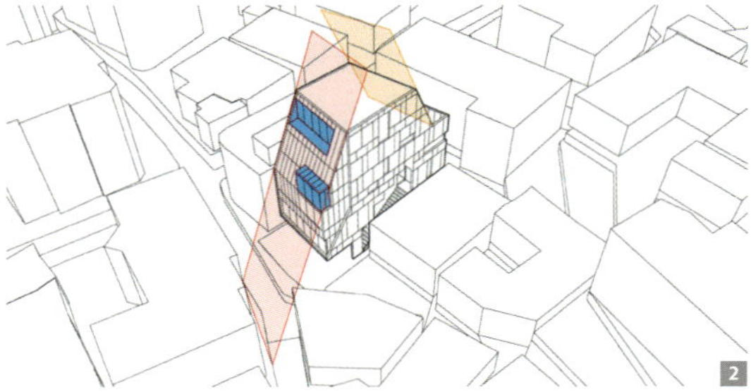

2

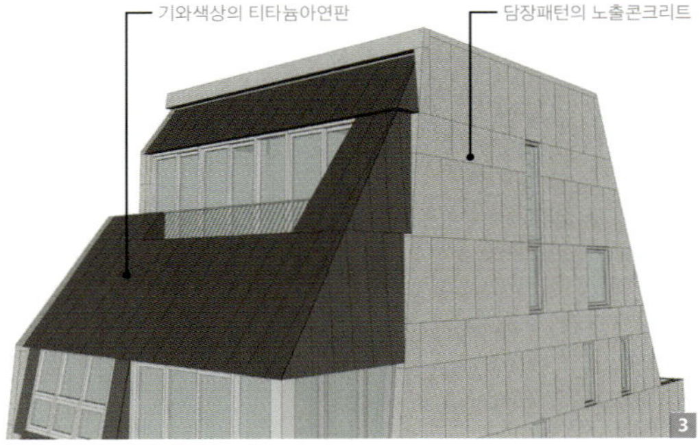

3

SURFACE_ 표피의 대비와 경계허물기

양측면과 전면을 처해진 대지조건의 상이함으로 재질(노출콘크리트와 티타늄아연판)과 패턴(노출콘크리트의 무거운 질감면에 기능적이긴 하나 비교적 불규칙한 패턴의 창과 가벼운 재질의 티타늄아연판에 비교적 규칙적인 수평경사턱과 창의 패턴)에 있어서 대비를 보인다.

반면, 티타늄아연판을 사용한 전면의 제스쳐는 도로사선을 활용하여 전면과 기울어진면 뿐만 아니라 일부 측면까지 아우르고자, 전체면의 겹쳐진 형태를 기본 패턴으로 세면의 경계를 없앰으로서(시각적 착시를 통해) 형태의 모호함과 시각에 따라 다른 모습이 연상되도록 했다.

② 계단의 반투명 면으로서 빛의 흔적과 투과 및 2층 사무실 공간을 관통하는 공간 형성.

③ 계단-사무실-외부 골목길에 이르는 공간적, 시각적 소통감 형성.

④ 노출콘크리트, 자작나무 합판, 반투명 폴리카보네이트(단파론)로 반복, 변주되는 계단면의 물성과 특징으로 계단 매개체를 형성

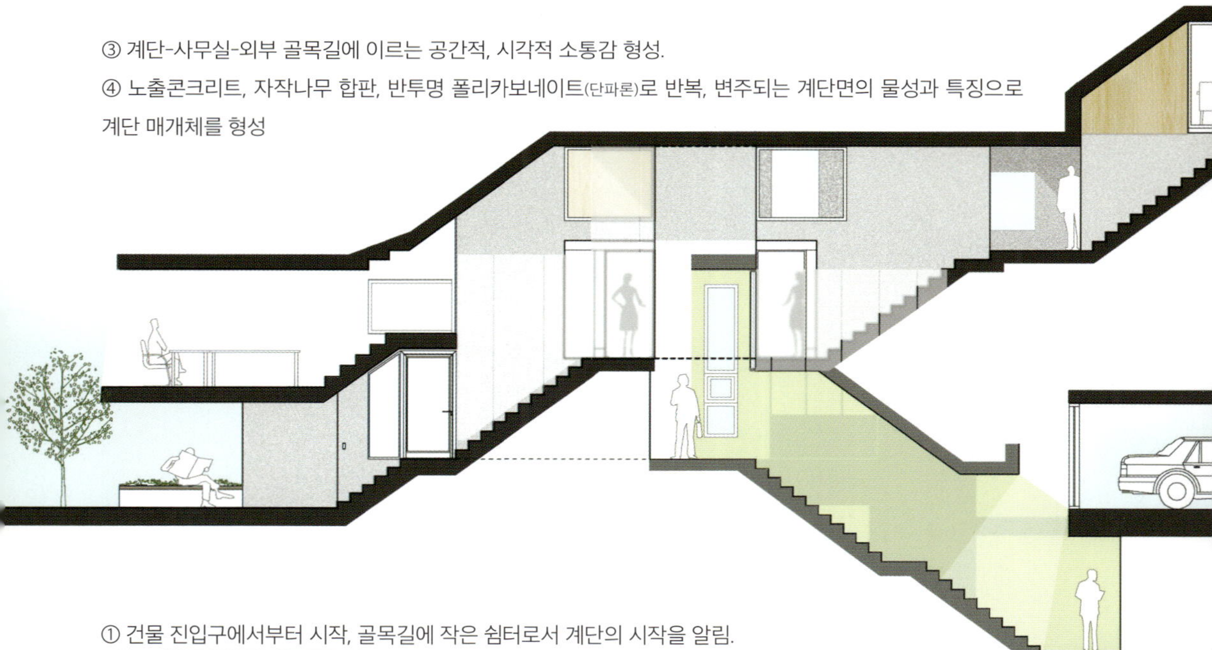

① 건물 진입구에서부터 시작, 골목길에 작은 쉼터로서 계단의 시작을 알림.

STAIRS_ 공간연결 매개체로서 계단

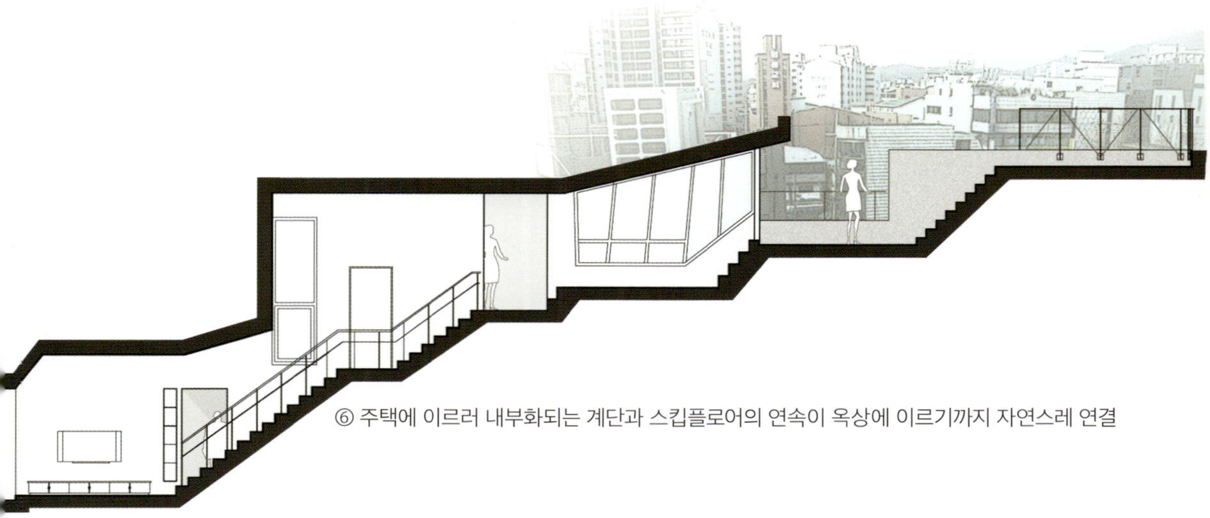

⑥ 주택에 이르러 내부화되는 계단과 스킵플로어의 연속이 옥상에 이르기까지 자연스레 연결

⑤ OPEN된 공간과 미로같은 공간의 반복과 연속으로 다양한 공간감의 계단 매개체 형성.

1 1~2층 사무실 내부
2 4층 거실
3 지하1층 사무실 내부

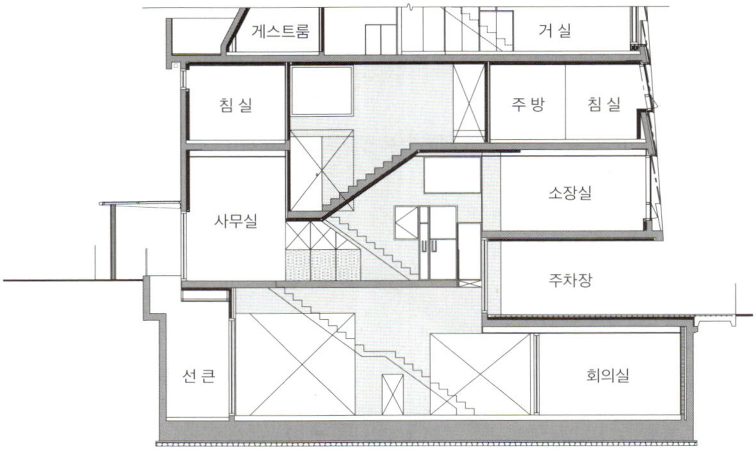

1

2

3

• 25

대지위치 서울특별시 종로구 혜화동 73-6번지
대지면적 136.70㎡
건축면적 81.72㎡
연면적 319.48㎡
건폐율 59.78%
용적률 183.45%
규모 지하1~지상5
구조 철근콘크리트
마감재 실외 -노출콘크리트/THK0.7 티타늄아연판(징크)/
THK22 투명복층유리
실내 -THK10 폴리카보네이트/THK6.5 자작나무합판/
THK9.5 석고보드
설계/감리 오섬훈
설계팀원 김경남, 김선화, 김진영, 김유나
시공사 푸른가람
협력기술자 구조 - 단구조 전기설비 - 공간 ENG
기계설비 - 상지 ENC 토목 - 세한 ENC
설계기간 기획 - 2010.12~2011.01
계획 - 2011.01~2011.03
실시 - 2011.03~2011.05
공사기간 2011.04~2012.03
사진 박영채

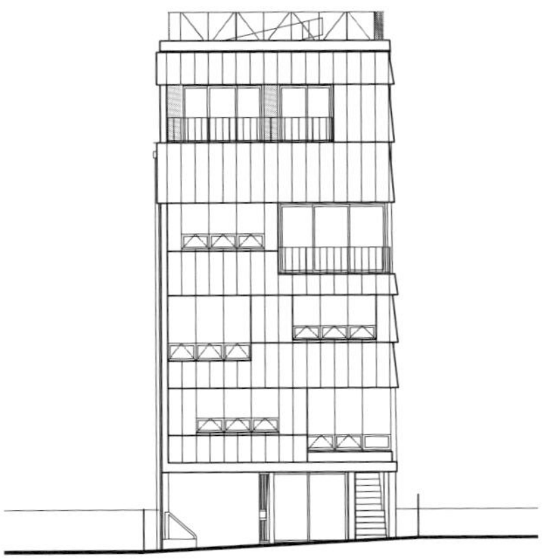
정면도

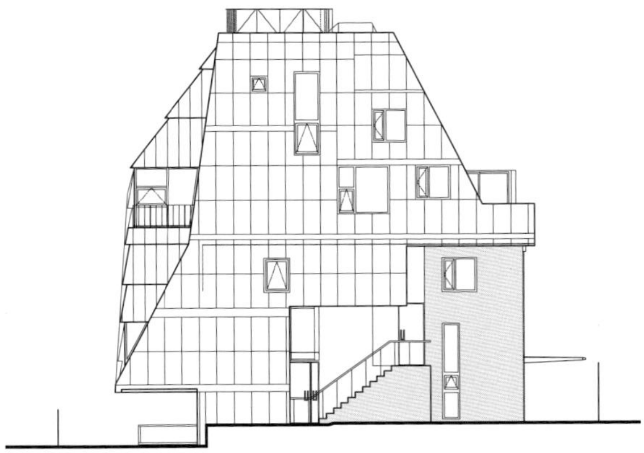
우측면도

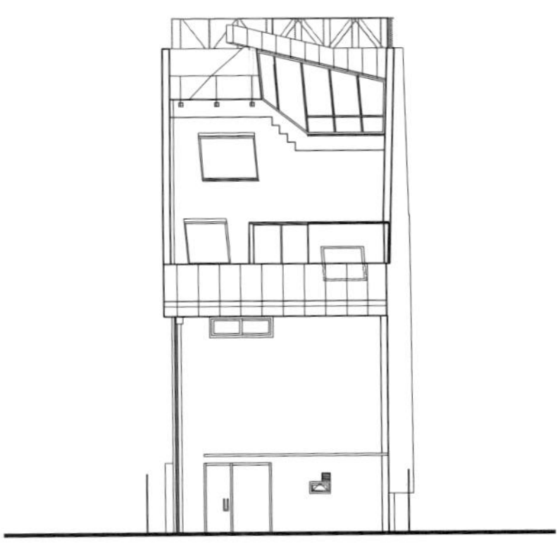
배면도

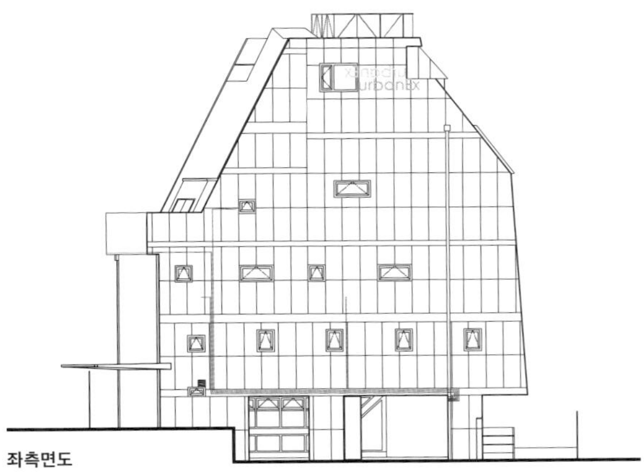
좌측면도

1 지하1층 계단하부를 이용한 책장

2 지상1층 사무용품과 서류상자를 보관하는 책장

3 지상2층 사무실의 경계로 이용된 책장

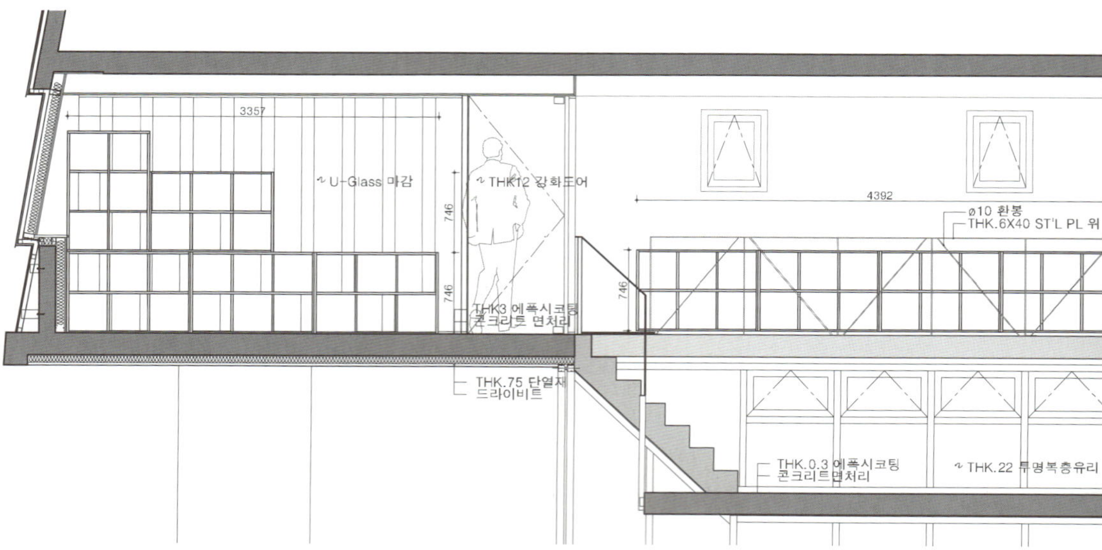

COMPACT

좁고 긴 땅에 사무실과 주택이라는 두 프로그램을 COMPACT하게 계획함으로써 내부에 사용되는 가구 또한 일반적일 수 없었다. 이 건물에 맞는 새로운 모듈의 가구를 계획하였고, 내부공간 또한 계단을 매개로 오픈된 공간을 구성했다.

모듈화된 가구와 변주

700mmx1100mm의 기본유닛을 적층하거나 펼쳐서 책장, 층 경계등으로 계획하였으며, 주택내부에서도 같은 유닛을 활용했다. 각각의 방에는 방의 크기로 인하여 붙박이 가구 대신 높이 1400mm의 가구를 사용함으로서 작은 크기의 방을 좁지 않게 보이도록 함.

방의 공간적 형태를 각각(다락방 같은 공간, 골방이 있는 공간 등) 다르게 하고자 했다.

아래 두 개층을 설계 사무실로 쓰기로 함에 따라 윗층과 아래층의 단절을 피하고 특징있되, 지하층 같지 않은 내부공간이 되도록 했다.

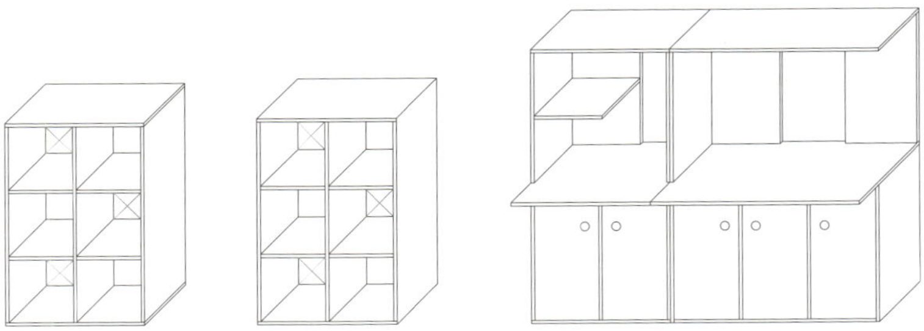

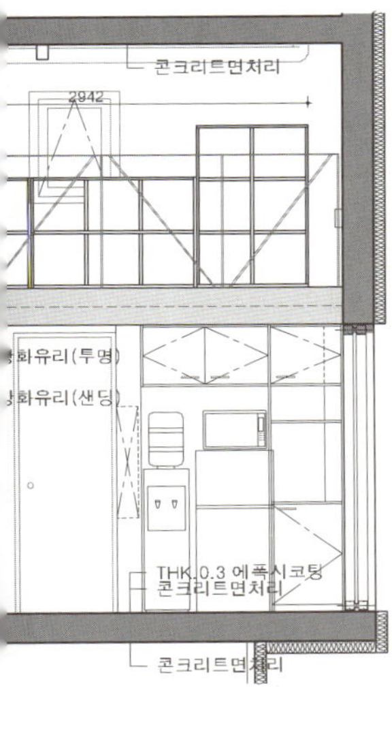

3

1

1 지상5층에서 옥상으로 연결되는 계단
2 경사면에 의한 방의 다양한 공간적 형태

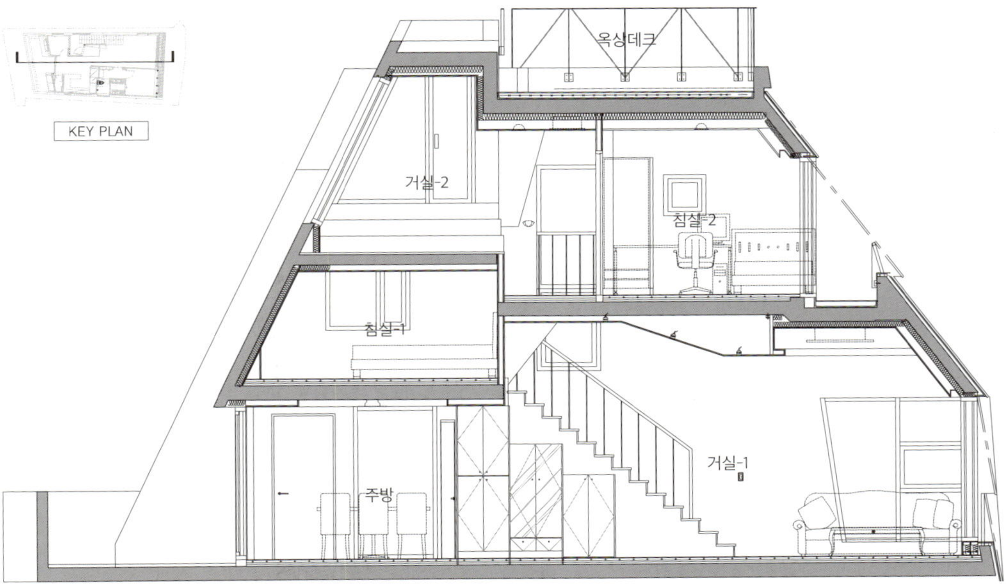

기존 대지의 Context가 가지는 재료의 패턴, 색상, 속성등을 파악한바, 재료자체가 주는 솔직한 물성(기와집, 벽체의 기둥, 돌등)을 바탕으로 콘크리트노출, 짙은 색의 티타늄아연판을 사용하였으며, 좁은땅이 가지는 불리한 여건에 대응하여 Compact한 공간을 계획하고 그 안에서도 획일적이지 않은 다양한 공간을 부여하도록 하였다.

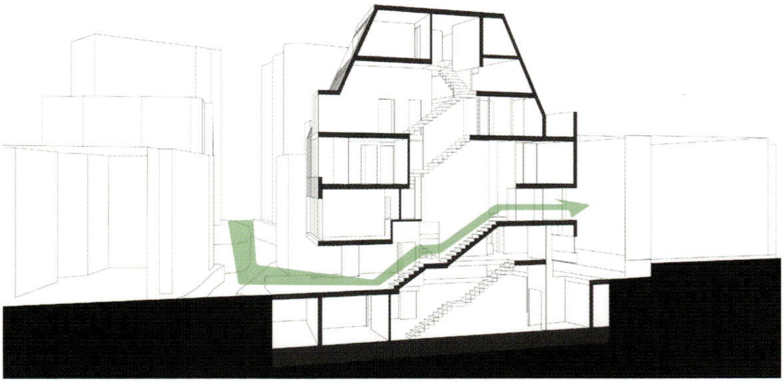

KIA

Meister Motors

대치동 자동차 전시장

Daechi Car Showroom

대지읽기

휘문고등학교에 붙어있는 비교적 조용하지만 휘문고등학교 사거리에서 인지가 되는 그런 장소다. 대치 사거리에서 접근하면 휘문고등학교 운동장 때문에 인지가 높은 땅이다. 주변은 평범한 저층 상가 건물들이 늘어서 있다. 대지가 주는 강한 잠재력 보다는 프로그램 아이디어가 우선될 수 있는 땅이라 생각되었다.

Motor

대지위치	서울특별시 강남구 대치동 949-3,4,5,6,7 (5필지)
대지면적	1,280.00㎡
건축면적	632.35㎡
연면적	6,384.70㎡
건폐율	49.40%
용적률	247.87%
용도	제2종근린생활시설, 업무시설
규모	지하3~지상6
구조	철근콘크리트구조
외부마감	THK30 고흥석혼드마감, THK3 ALpanel, 투명강화접합유리
설계	오섬훈
설계팀원	이주한, 안윤정, 이상수
인테리어	(주) 디자인 메카
시공사	(주) 효성
협력기술자	구조 - (주) 선구조 전기설비 - (주) 공간 ENG 기계설비 - (주) 융도엔지니어링
설계기간	2007.11 ~ 2008.04
공사기간	2008.02 ~ 2008.12
사진	박영채

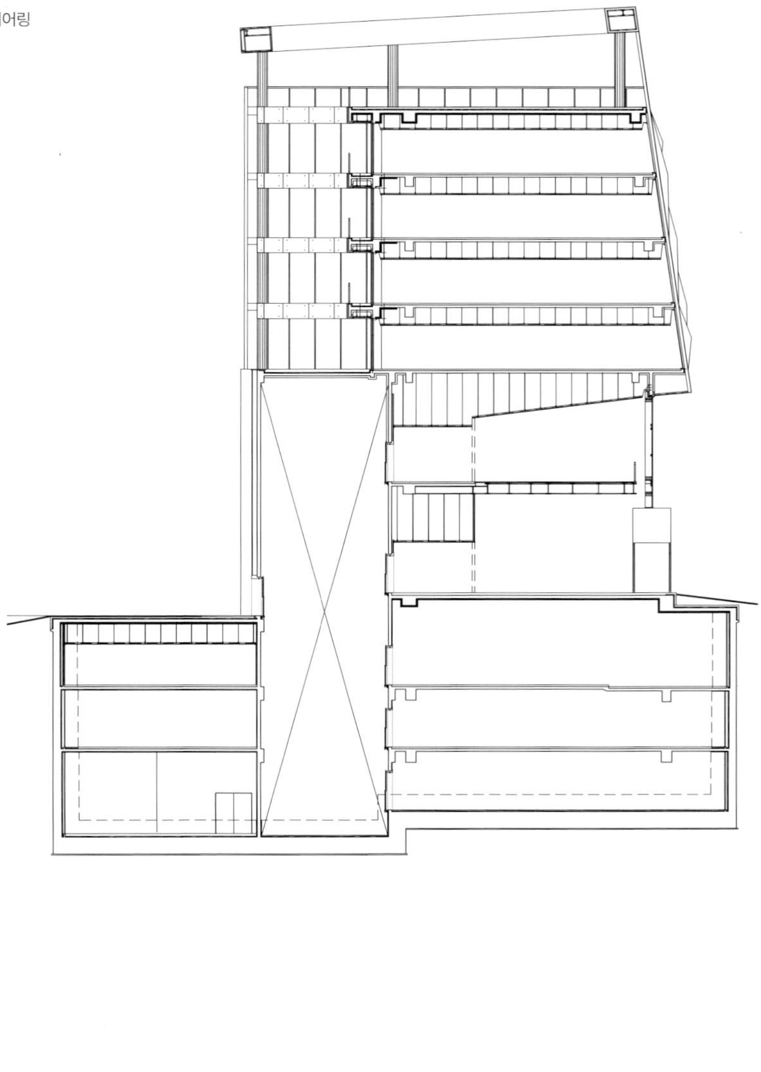

단면도

CC

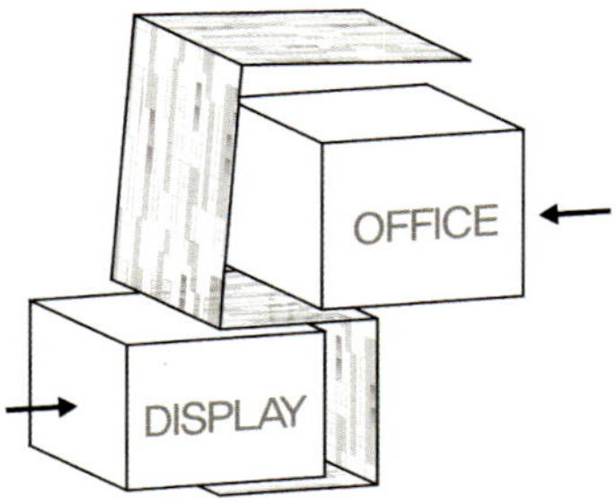

SURFACE 접기

연속된 표피를 접어서 도로쪽으로 노출되는 공간을 만들어 자동차가 주인공이 되도록 하였고, 멀리서 이 건물을 인식할 때는 접혀진 'ㄹ'자 형태의 프레임이 건물의 identity를 갖도록 했다. 그래서 이 프레임 자체의 건축적 처리와 도로쪽으로 비워진 공간에 자동차를 어떤 방법으로 전시하느냐가 이 프로젝트의 주관심대상이었다.

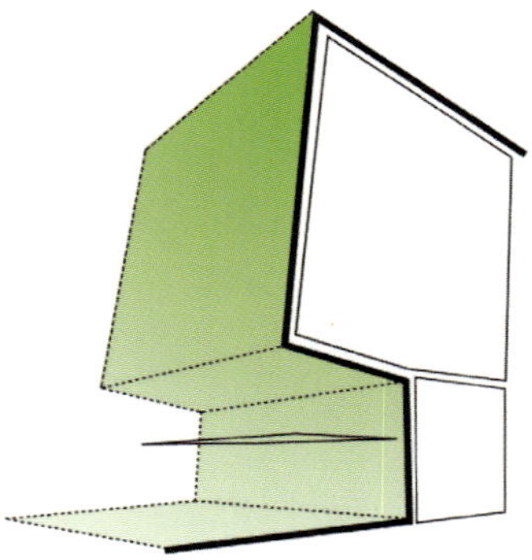

SURFACE

주어진 스페이스 프로그램을 조직하고 공간을 만들어내고 또 그로 인한 제스쳐가 생기는 일련의 과정 중에 즐겨 사용하는 건축적 수단이 surface(연속면)에 관한 것이다. surface를 다루는 방식과 그를 구성하는 재질, 주어진 프로그램과의 관계..등이 설계 초기의 주요 이슈가 된다.

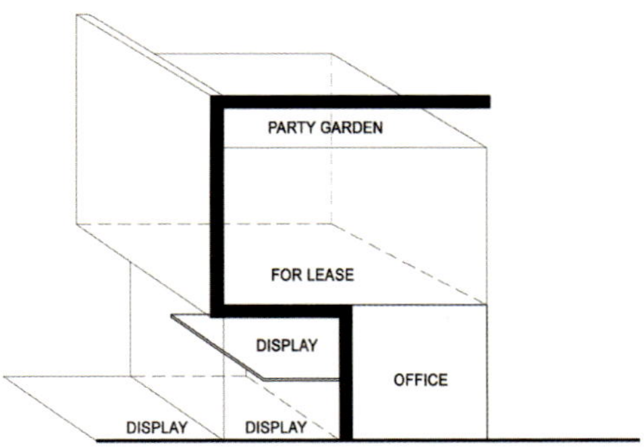

PROGRAM

이 프로젝트의 주요 스페이스 프로그램은 1, 2층에 자동차 전시 및 판매와 3~6층의 임대 사무실로 구성 되었다. 두 개의 다른 성격의 프로그램을 잘 버무려 하나의 통합된 이미지를 갖고자 하였다. 여러 시도 끝에 하나의 강력한 surface를 접어서 이를 매개로 저층부는 투명하고, 외부와 같은 느낌의 void와 같은 자동차 전시장을 만들고, 상층부는 임대 사무실로 채워져 있는 solid의 volume을 만들었다.

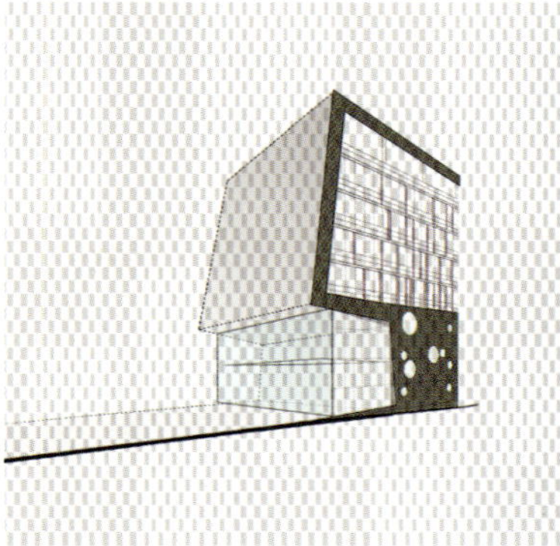

SKIN BAND

전면 상층부 외피의 패턴이 자동차 전시장의 천정과 후면, 바닥을 타고 외부까지 연장되는 아이디어로써 SURFACE를 계획했다.(실제로는 자동차 전시장의 인테리어 CI와 관련되어 내부 연장을 이루지 못했다.) 그래서 2층 바닥 전시장도 투명도와 가벼움을 위해 유리바닥의 전시장을 계획했다. 뿐만 아니라 SURFACE의 양쪽 끝부분을 절단면화하여(SKIN BAND화 하여) SURFACE의 좌우면으로 상징적 확장과 SKIN BAND자체에 LIGHTING 기능을 넣어 본 프로젝트의 메인 IDEA인 SURFACE의 또 다른 표현방식으로 구현했다.

건물의 형태를 구성하는 측면부에 LED를 적용하여 건물의 형태가 가지는 특징을 강조함으로써 LAND MARK IMAGE를 생성하였다. 이를 통해 SKIN BAND를 강화하여 기업이미지를 향상 시키고 안정성을 확보하여 원거리 및 근거리에서의 시각을 확보하였다.

1 투명한 슬라브를 위한 구조체
2 투명한 자동차전시장 공간

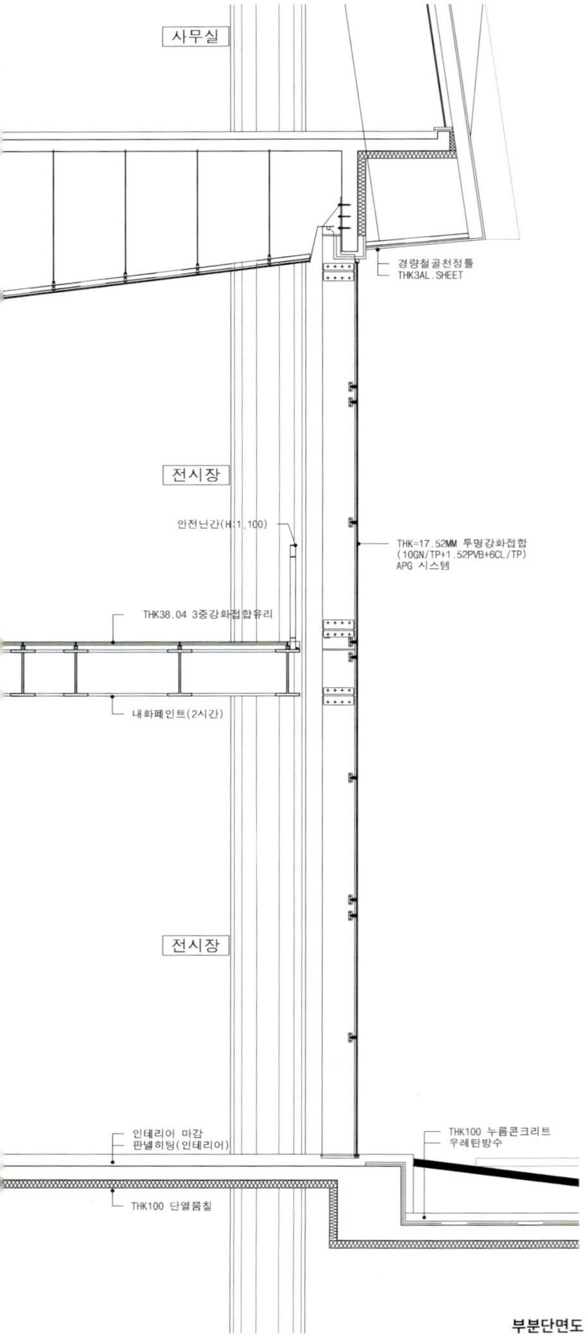

부분단면도

Golf GTI

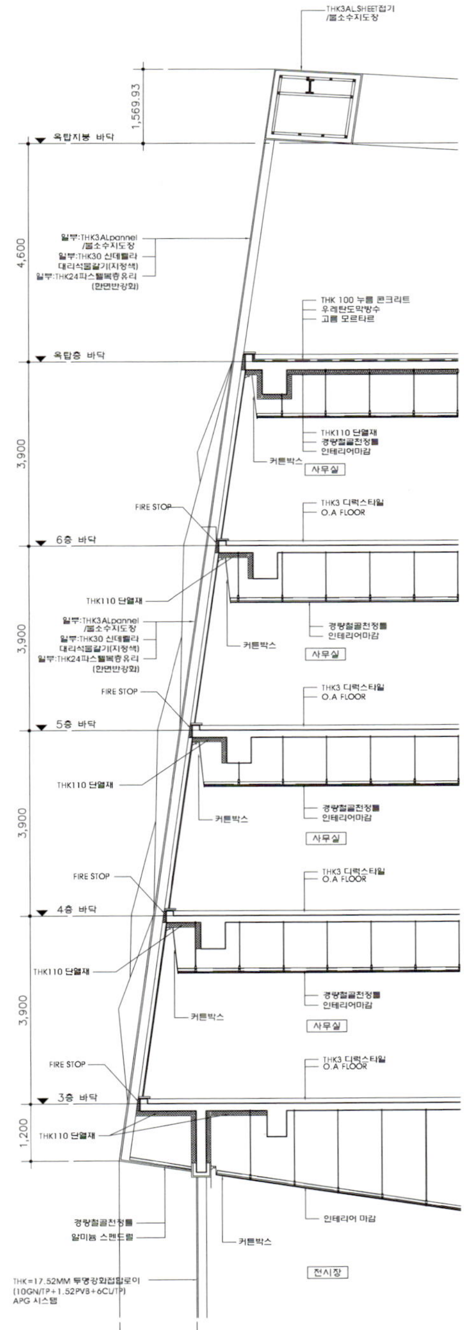

THK3AL.SHEET접기
/불소수지도장
1,569.93
옥탑지붕 바닥
4,600
일부:THK3ALpannel
/불소수지도장
일부:THK30 신데렐라
대리석물갈기(지정색)
일부:THK24파스텔복층유리
(한면반강화)
THK 100 누름 콘크리트
우레탄도막방수
고름 모르타르
옥탑층 바닥
3,900
THK110 단열재
경량철골천정틀
인테리어마감
커튼박스
사무실
FIRE STOP
THK3 디럭스타일
O.A FLOOR
6층 바닥
THK110 단열재
경량철골천정틀
인테리어마감
커튼박스
사무실
FIRE STOP
5층 바닥
4층 바닥
3층 바닥
1,200
인테리어 마감
경량철골천정틀
알미늄 스펜드럴
커튼박스
전시장
THK=17.52MM 투명강화접합로이
(10GN/TP+1.52PVB+6CL/TP)
APG 시스템
1,580.26

외벽단면도

1

1 전면대로에서 바라본 뷰
2 엘리베이터홀
3 사무실에 면한 외부공간

로 디자인

L'EAU는 '물'을 뜻하는 프랑스어로, 'Laboratory of Environ-ment, Architecture, Urbanism'을 의미합니다. 도시와 환경 그리고 건축을 축으로 하는 미래지향적 문화생산자이고자 합니다. 로디자인 도시환경건축연구소는 도시, 환경, 건축의 통합적인 사유를 연구하고 실험하는 그룹이며 소통의 장입니다. 인간의 삶의 질을 형성하는 사회적, 문화적, 자연적 환경 등 다양한 관계망을 건축적으로 재구축하기 위해 Architecture and Urbanism, Renovation and Interior Design, Environment design 개념의 토탈 디자인을 추구합니다.

JUNGDONG

야볕쪼 청담

Tropism of wild flower

야생화의 볕 쪼이기 Tropism of wild flower

넓은 들판에 야생화 한 송이가 피어있다. 이 야생화는 광합성을 위해 벌이 꼬이는 커다란 꽃 머리를 빛을 쫓아 이동시키고, 땅에서는 그 뿌리를 깊고 더 깊은 땅 밑으로 힘차게 내리며 영양분을 흡수하고 있다, 옆에서 흐르는 개울에서는 송사리가 물의 흐름을 헤치며 상류를 향해 힘차게 꼬리를 치고 있고 들판의 짚신벌레는 20℃이하에서는 고온으로 30℃ 이상에서는 저온으로 미세한 날씨변화에 따라 혹여나 몸이 상할까 분주히 움직인다. 이처럼 평범하고 조용한 들판에서 생물체들은 복잡한 환경의 자극들에 대해 다양한 투쟁적인 반응들로 소란스럽다. 이처럼 자연은 갖가지 자극에 대한 유연한 반응으로 힘의 평형을 이루는 조화를 만들며 공생의 흐름을 이어간다.

들판 바로 옆에 인간이 거주하는 도시가 있다. 도시는 인간의 것이기 이전에 자연의 일부분이다. 조금이라도 더 햇빛을 끌어들이기 위해 모든 집이 해가 드는 방향으로 몰려있는 북부의 도시형태, 뜨거운 열을 막기 위해 땅으로 더 깊이 숨어들어가는 사막의 도시들은 광합성을 위해 빛을 따라 이동하거나 양분을 얻기 위해 땅 밑으로 뿌리를 내리는 생물계의 주성이나 굴성 의 모습과 다를 게 없다. 그동안 인간의 도시는 그렇게 자연의 일부로 각자의 환경에 유연하게 반응하며 진화해왔다.

하지만 산업화의 발전이 가속화되면서 현대의 도시는 자연의 일부이기 이전에 인간만의 전유물이 되었다. 결과적으로 산업화에 따른 대량생산기술에 의해 한정된 건축적 유형으로 정리되어온 현대 도시의 건축물들은 도시 전체의 조화와 공생보다는 서로의 사적이익을 확보하려는 경제적 논리에 점유당하여 상호간의 환경에 유연하게 대처하는 기존 도시의 자연적 특성을 잃어버리게 되었다. 문제는 생물들처럼 주변 환경의 변화에 유연한 반응을 하지 못하고 있는 건축의 고형성에 있다.
도시는 다양한 개별의 개체들이 군집되고, 이들의 상호공존을 위해 질서화 된 제도가 작용하여 나타나는 실루엣이다. 도시 내 다양한 개체들 간의 알 수 없는 질서들 속에서 이들의 생활환경을 형성하는 건축이 도시생태계의 중층적이자 입체적이며, 광범위한 변화와 자극에 유연하게 반응하지 못하고 경제적인 논리에 점유당하여 고형물로 고착화된다면 생물계에서 이루고 있는 공생의 흐름은 자연히 깨질 수밖에 없다.

오늘날 근린생활시설이라는 제도적 유형은 '주택가와 인접해 주민들의 생활에 편의를 줄 수 있는 시설물'이라는 목적에 걸맞게 제2,3종 일반주거지역에서 흔히 볼 수 있는 우리의 주요 생활 무대이다. 그렇기 때문에 대로변에 면하여 높게 솟은 거대한 빌딩과 달리 근린생활시설은 오밀조밀한 주택가에 면한 30~100평정도의 작은 대지에 위치해 채광, 일조, 및 도로사선등 다양한 제도적 규제의 적용을 받는다. 이처럼 근린생활시설은 주변의 민감한 환경에 반응해야하면서도 다양한 규제로 인하여 반응의 정도가 제한되어있어 일반적으로 통용되는 고형화된 건물구조의 방정식을 가지고 있을 정도이다.

청담동에 위치한 정동화장품 사옥도 이러한 공통적 요구사항에서부터 시작했다. 일정 기간 사옥으로 사용 후 임대를 위한 상업 공간으로 활용하고자, 엘리베이터와 계단 등 공용부를 최소화하여 유연한 변화에 대처해야 했다.

가소적 굴성 Plasmatic Tropism

어둡고 깊은 동굴에서 서식하는 박쥐는 퇴화된 시각 대신에 뛰어난 후각과 청각을 갖게 되었고, 달팽이는 수분을 오래 머금기 위해 등에 껍질이 생겨났다. 이처럼 야생에서의 생물체는 환경에 따라 다양한 적응으로 스스로 생장, 진화해 왔다. 수 억년간 자연이 그러했듯 여러 규제사항으로 가득한, 도시라는 현대판 정글에서의 건축은 어떻게 유연하게 적응할 수 있을까?

이 프로젝트에서는 도시의 규제를 더 이상 거부하기보다 순응하는 전략을 취했다. 다양한 법적 규제 사선의 취지는 일조권과 서로간의 프라이버시를 확보 등의 상호간의 영

스크린골프

역환경을 존중해주고자 하였다. 이는 해바라기들이 태양빛을 받기 위해 서로 같은 방향을 향하며 공존 공생하는 그것과 같다. 사선제한에 순응하면서 생긴 매스의 형상은 공용부를 밀집시키고 내부의 프로그램을 담기위한 면적을 최대한 확보토록 하여 제한된 땅의 용적에 최소한의 가치를 찾으려는 생존의식을 거친다.

표피의 자기조직 Self-Organizing Skin

오피스, 소매점, 카페, 주거 등 다양한 건물의 지속적인 프로그램 변화가 발생하는 근린생활시설의 특성상 자본주의 시장원리에서 살아남기 위한 표피를 구성한다. 이는 척박한 사막의 카멜레온이 먹이를 노려보며 조용히 바뀌는 보호색처럼 주변환경의 다양한 변화에 따라 다양한 방식의 스킨을 생성하며 고정되지 않은 변화무쌍한 동네의 일상을 반영, 그때그때 마다의 아이덴티티를 발산한다. 이는 현수막일 수도 있고 컬러풀한 간판, LED 이미지가 흐르는 디스플레이 일 수도 있다. 형식이 없는 자유로움이 만드는 스킨 컴포지션은 현대의 또 다른 도시이미지가 된다.

이 사옥은 제도적 규제의 취지에 근거한 이해로부터 건축주의 사업적 목적, 건물의 다양한 개별성을 표현하면서도 주변 환경과 조화롭게 공존할 수 있는 새로운 해석과 대안을 시도하고자 했다. 이는 우리 주변에 흔한 근린생활시설에 잠재된 새로운 공생에 대한 질문임과 동시에, 단순히 건축물이 수많은 현실적 조건에 의한 양산된 고형체가 아니라, 보이지 않는 관계(relation invisible)로부터 형성되어 계속적으로 가동 중인 소통체(machine communicable)로 작동되길 바란다.

● 59

대지위치 서울시 강남구 청담동 49-27
용도 근린생활시설
대지면적 202.20㎡
건축면적 99.03㎡
연면적 598.05㎡
건폐율 48.98%
용적률 245.07%
규모 지상6층/지하1층
구조 철근콘크리트
외부 마감 노출콘크리트, 지정금속마감
설계 ㈜ 로디자인, 홍익대학교 김동진
설계팀 이상학, 김태연, 박주은, 백소원
시공 이에코건설
설계기간 2011. 01 ~ 2011. 05
시공기간 2011. 06 ~ 2012. 01
사진 박완순

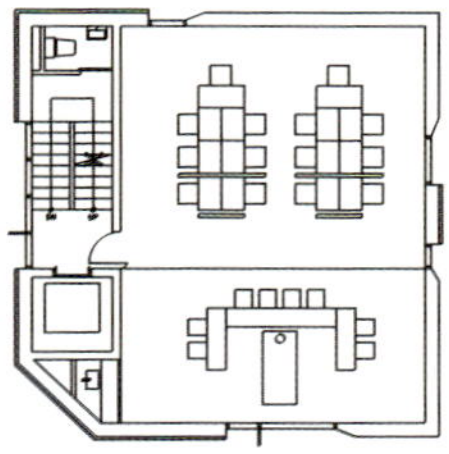

3층 평면도

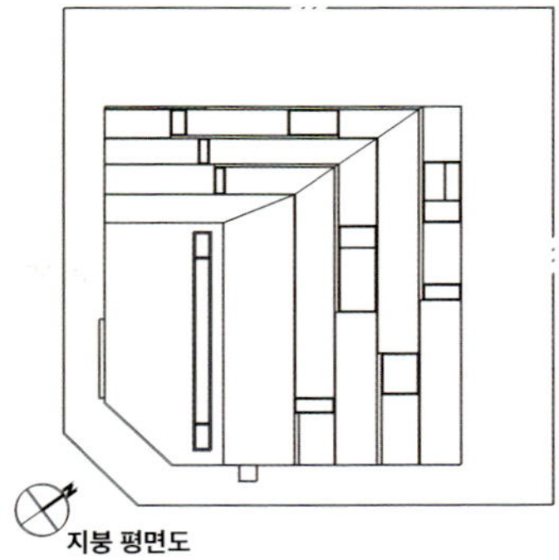

지붕 평면도

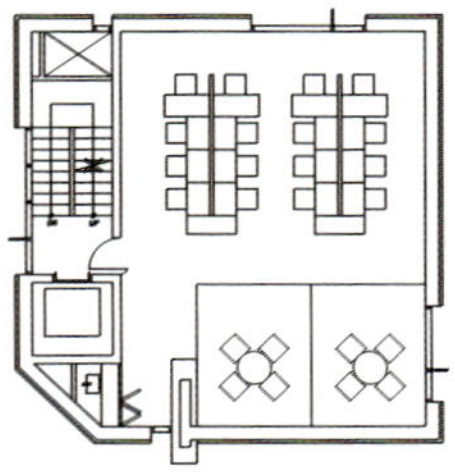

2층 평면도

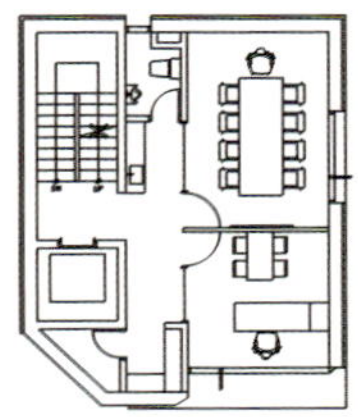

5층 평면도

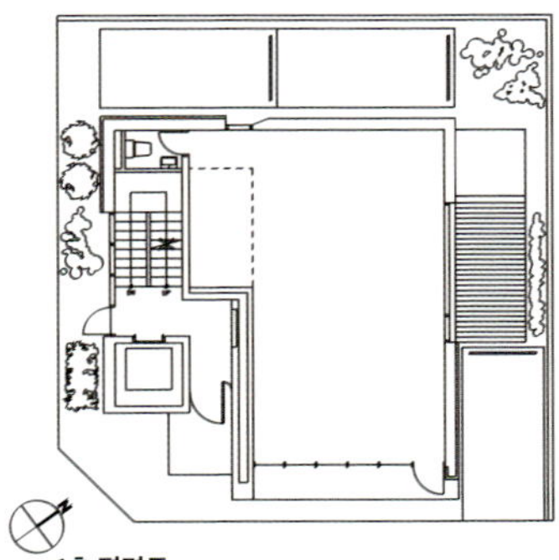

1층 평면도

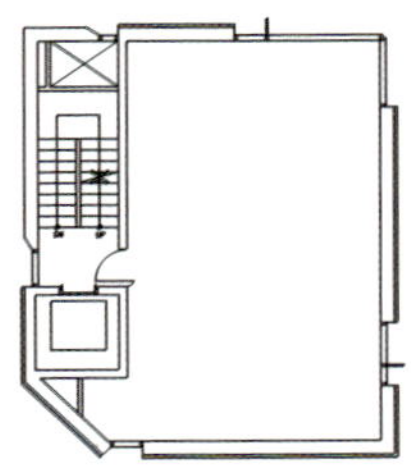

4층 평면도

1

1 주변 상업시설과 야.별.쪼
2 내부 전경
3 내부 전경

2

3

벤딩밴드 양주

Bending Band

송추농원과 Bending Band

개발과 보존의 접점에 있는 국립공원 송추계곡의 이주단지가 지역적 특색을 잃고, 여느 등산로 변에 흔하게 나타나는 표본화된 상업지역이 될 위기에 처해있다. 도시보다 복잡한 법규적 규제와 지역성을 무시한 무분별한 상업적 개발의 틈바구니 속에서 이주단지 주민들은 스스로를 지키기 위해 공공적 상호협력을 뒤로 한 채 개인적 이기심만 무한정 커져 갈 형국이다. 이와 같은 변화의 초입에서 적극적으로 마을의 일상을 담아낼 수 있는 유연한 장소적 프레임의 제안을 통해, 송추농원의 장기적인 개발과 지역발전에 조금이나마 기여 할 수 있는 건축적 방안을 마련해보고자 한다.

지역문화예술의 네트워크 구축을 위한 열린 지층 마련

오랫동안 가지고 있던 땅이 고가도로로 절반이 나누어지고, 국립공원 이주단지조성계획으로 집과 토지가 공용주차장으로 변할 위기에 처해있었던 건축주. 그는 시원한 계곡과 조용한 새소리가 있던 자신의 고향이 여타의 국립공원 입구처럼 상업가로로 급격히 변하면서 난잡해지진 않을까 큰 고민에 빠져 있었다. 몇 년 후면 도시에서의 삶으로부터 벗어나 이 지역에 정착할 계획을 가진 건축주는, 자신의 새로운 고향 송추계곡의 현재적 상황을 직시하려 했다. 먼저 열린 마스터플랜을 통해 장기적으로 풀어 나갈 첫 실마리로서 지역문화 변화의 시작을 알리는 건축물을 등산로 초입, 즉 송추 농원의 입구부에 조그마하게 세우고자 했다.

도시에서 경험한 다양한 문화적 요소들 간의 네트워크들을 마을 지역성 구축의 기반으로 활용하기 위해서는 물리적으로 고정되기보다 무언가를 지속적으로 담을 수 있는 잠재적 공간을 만드는 건축적 전략이 필요했다.

"퍼포먼스 데크처럼, 다양한 문화예술행위들을 필요에 따라 선택적으로 담을 수 있는 서랍장 같은 건축, Multi-layering된 열린 지층 자체로의 건축..."

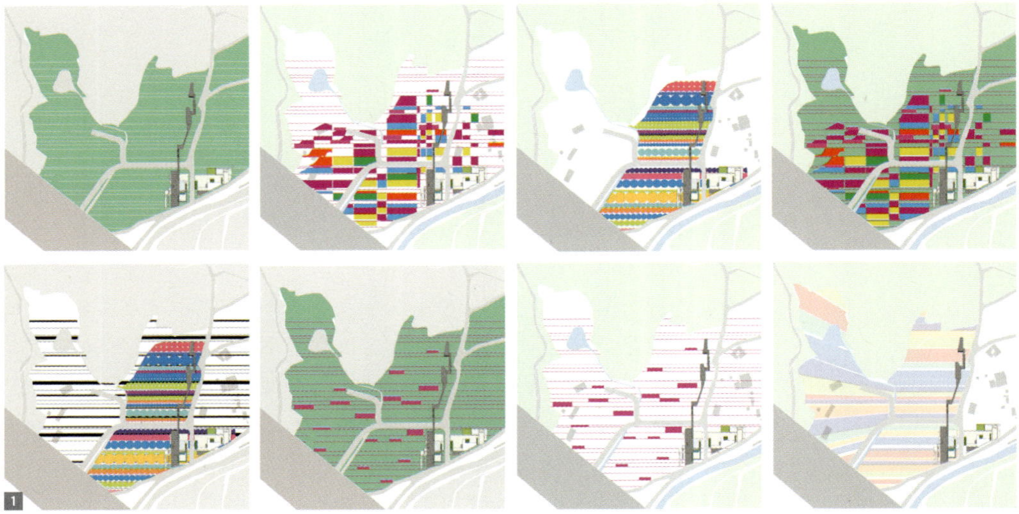

1

1 Mapping and Setting
2 Fitting plug
3 Program banding

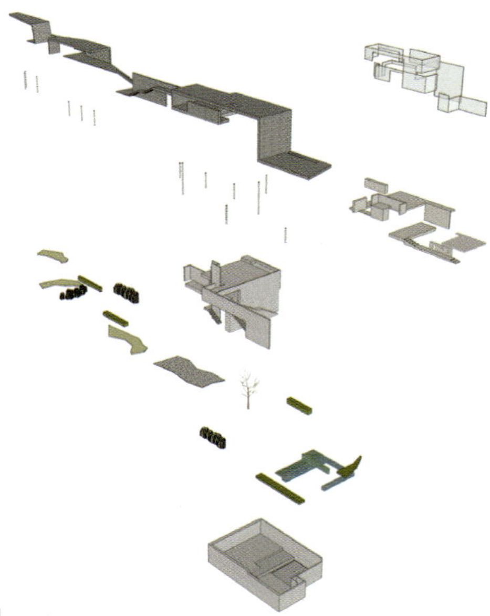

2

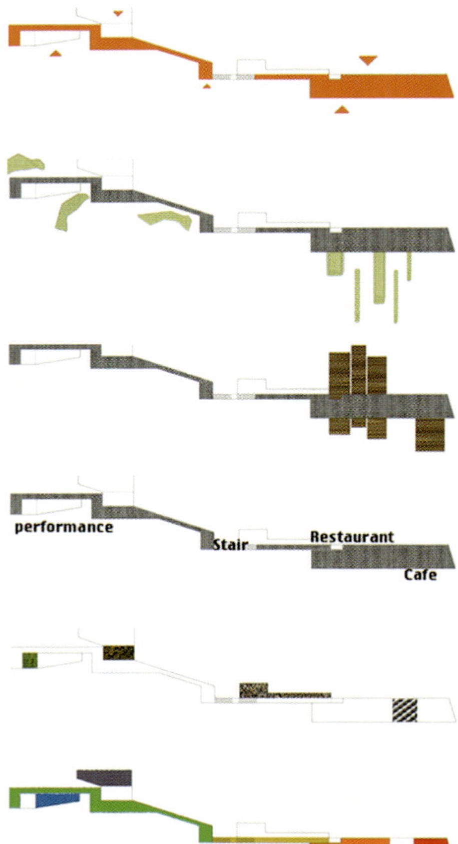

3

한적한 산책이 있는 특별한 장소로서의 마케팅

계획대지는 북한산자락 송추계곡 초입에 위치한다. 때문에 주말 평일 할 것 없이 수많은 등산객들이 외지로부터 드나든다. 하지만 마을 주민들을 위한 휴식공간은커녕, 등산로 변에 열지어선 식당의 평상들만이 유일한 휴식처다. 게다가 등산객들이 늘어나면서 자리를 빌려주고 쉬도록 유도된 인색한 등산로변의 상업화가 점차 더욱 가속화될 태세다.
이미 기존의 송추농원은 북한산으로 펼쳐진 경관과 농원의 울창한 자연환경, 운동장, 그리고 간단한 바비큐 시설만으로도 단체 야유회 장소로 충분한 기반을 가지고 있었다. 다만 그 다음 행보에는 여러 컨설팅 전문가들의 의견이 엇갈렸다. 예술 문화공원, 펜션, 바비큐 식당 등.

우리는 송추계곡만의 특별함을 보일 수 있는 장소를 마련하자는 소박한 기획에서부터 시작하길 제안했다. 먼저 그 곳에 뿌리를 내리고 살아가야할 인근 주민들은 물론 그 곳을 지나치는 등산객들과 더 나아가 특별한 발걸음을 유도할 수 있는 작은 휴게공간을 계획했다. 최근에는 고립된 외딴 섬에도 의미 있는 장소를 마련하여 특별한 체험을 제공한다면, 모두가 홍보대사가 되어 인터넷과 SNS 등의 네트워크망을 통해 명소로 만드는 것은 그리 어려운 일이 아니다.

결국 건축주가 이 땅을 통해 이루고자 하는 뜻과 의지만 있다면, 문화적 여가를 필요로 하는 도시민들에게 복잡한 도시의 삶으로부터 벗어나, 한나절 머물고 싶은 예술 문화 공간으로 새로운 장소 마케팅이 가능할 것이다.

마을의 히스토리를 통한 스토리 구축

아버지가 40년간 키워 보호수목으로 지정될 만큼 수려한 자태를 뽐내는 여섯 그루의 뽕나무는 이 땅의 자랑이다. 게다가 마을에는 다양한 수종들의 나무들과 전적 기념비, 그리고 오랫동안 고유의 성격을 지녀온 흔적들이 많지만 마을 이주단지 계획이 진행됨에 따라 점차 사라질 판이다.
땀과 애정으로 가꾼 기존의 나무들과 옛 간판, 고목나무 등 그리고 집주변의 오래된 이야기를 보존하면서 앞으로 조성될 마을 이주단지의 모범적 사례를 보이겠다는 건축주의 강한 의지가 있기에 마을의 히스토리의 발굴과 재조명은 새롭게 쓰여질 이야기의 씨앗이 될 것이다.

대지위치	경기도 양주시 장흥면 울대리 419
용도	근린생활시설
대지면적	8116㎡
건축면적	559.76㎡
연면적	790.45㎡
건폐율	6.9%
용적률	7.1%
규모	지상2층/지하1층
구조	철근콘크리트
외부 마감	노출콘크리트, 지정목재마감
설계	㈜ 로디자인, 홍익대학교 김동진
설계팀	이상학, 김태연, 박주은, 백소원
시공	이에코건설
설계기간	2010. 05 ~ 2011. 07
시공기간	2011. 07 ~ 2013. 05
사진	박완순

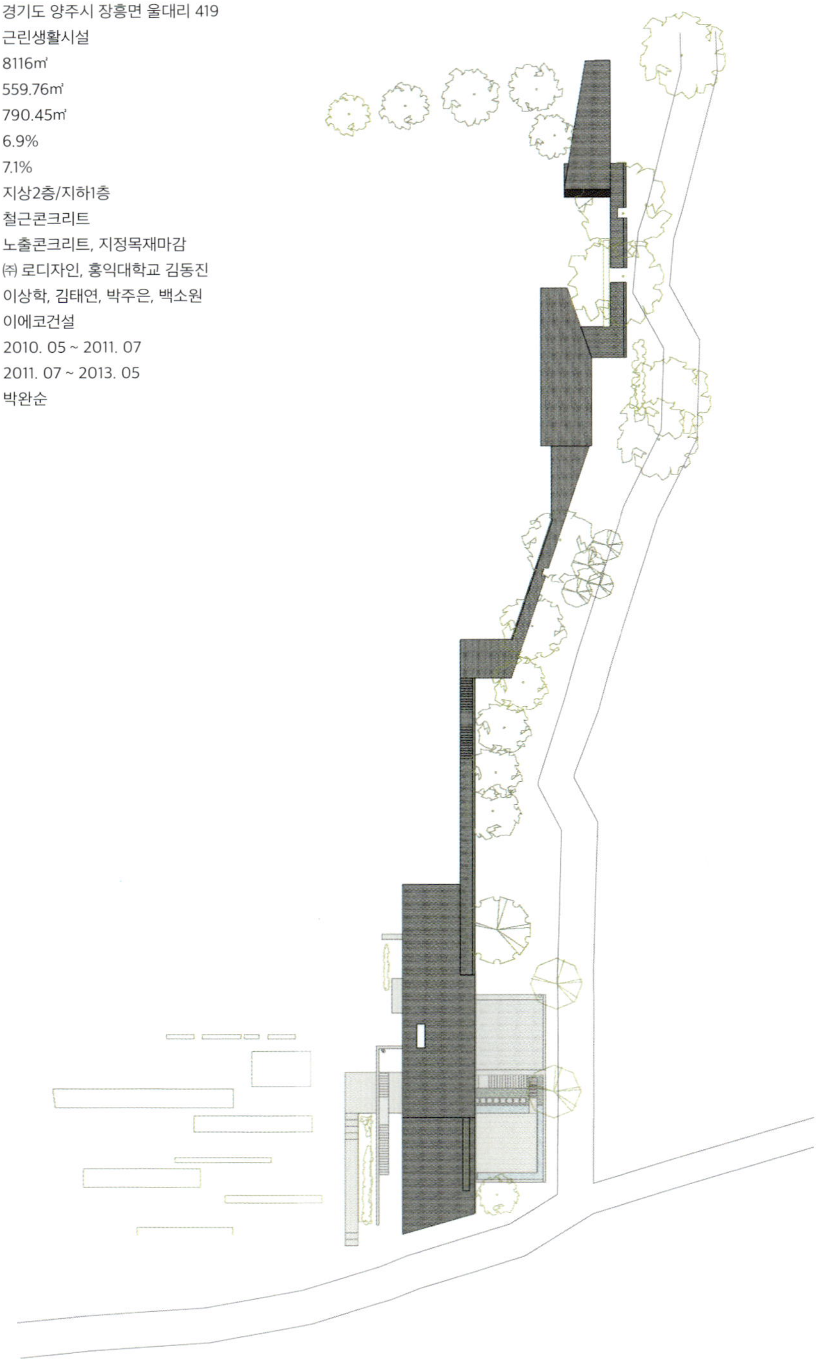

위상학적 세팅_ topological Setting을 통한 Self-Mapping 자기지도그리기

뜻 깊은 목표 이외에는 아직은 불투명한 마스터플랜을 가지고 있는 송추 농원. 이 땅은 계획된 용도에 따라 대형 건축물로 일시에 구축(Construction)하는 개발 보다, 장차 다양한 프로그램을 수행할 열린 준비, 즉 장기적인 안목에서의 위상학적 세팅(topological Setting)으로 필요에 의해 스스로 매핑 할 수 있는 건축적 구조가 중요하다.

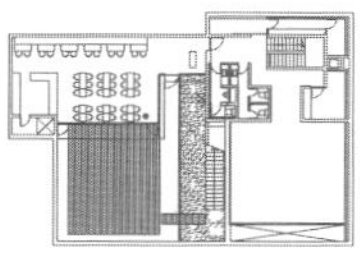

지하 1층 평면도

영원히 완전함을 추구하지 않는 건축

다양한 이야기와 상황들을 스스로 그려낼 수 있는 막연한 시뮬레이션은 그리드 없는 지도그리기 _mapping과 잠재적 지형의 편집을 통해, 마을환경 진화에 따른 미완의 시나리오를 만든다.

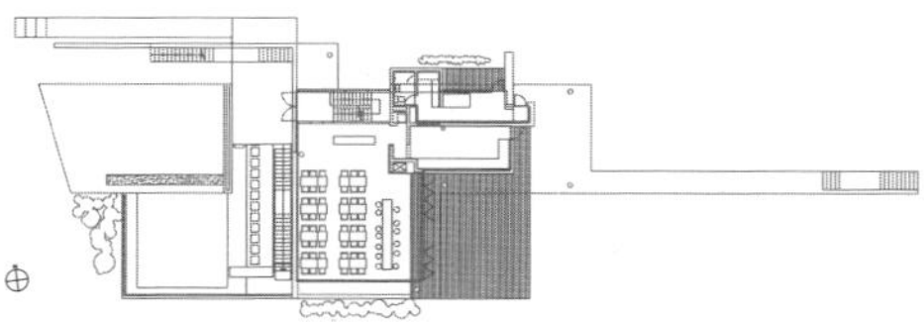

1층 평면도

Narrative Frame

소유에 대한 경계를 형성해왔던 마을 담장의 역할은 이제 지역사회와 보행자에게 새로운 휴식처와 놀이터로 개선되어, 상호간의 보이지 않는 행위 교감의 공간으로 다시 태어난다.

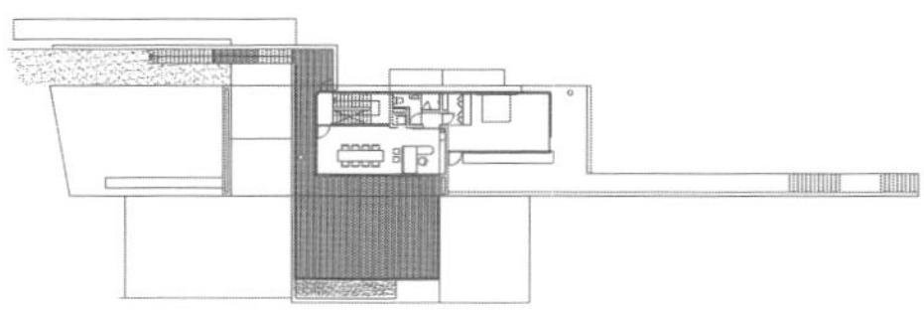

2층 평면도

Editing Story

한 번 구축되면 고정된 일상의 패턴을 강요하던 물리적 벽들이 연속적인 경관을 담는 열린 프레임으로 넓게 펼쳐짐으로써 사람들의 다양한 일상의 이야기를 능동적으로 수용하고 편집한다.

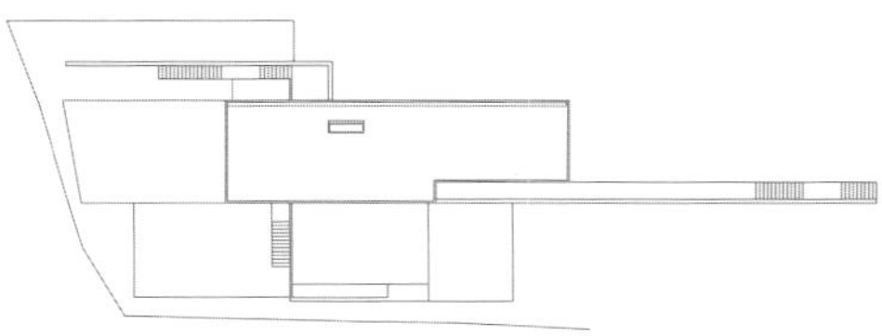

지붕 평면도

Program Banding

등산로 초입으로부터 송추계곡의 이미지를 새롭게 그려나갈 수 있도록 조각조각 파편화된 새로운 기억들을 생성하고 이벤트 상황에 따라 다양하게 원하는 프로그램으로 Banding하여 단조로울 수 있는 등산로에 보다 다양하고 연속적인 스토리를 제공한다.

Archi-drawer

다양한 일상의 잡동사니를 담기도하고, 우연한 이벤트를 끄집어 낼 수도 있는 건축적 서랍.
어떠한 형태라도 수용 가능한 Bending Band의 자율적 프로그램 조절 기능은 최소한의 고정성과 최대한의 유연성을 결합하여 능동적으로 이야기를 증식시키고 우리의 기억을 진화시킨다.

Fitting Plug

이미 자연에 존재하는 지층과 나무 한그루도 소중히 간직하고, 그 위에 인공 지반으로서의 Bending Band를 중첩시킴으로써 지형이 갖는 힘의 반응을 유도하고, 주민들과 등산객들이 교차하는 지점에 쌍방향의 경계를 조율하는 Fitting plug를 장치하여 지층들 간에 능동적인 조절과 대응을 일으킨다.

1

2

1 송추 농원에서 바라 본 벤딩밴드
2 등산로 초입을 알리는 열린 지층
3 편집된 경관

3

● 74

1 경계를 조율하는 Fitting Plug
2 지하 선큰으로 이어지는 자연
3 연속된 경관을 담는 열린 프레임

1

2

3

스페이큐머 상수

Spacumer

1990년대 초반, 서교동 골목에 방치되었던 예전의 철로자리가 가로 주차장으로 쓰이게 되면서 '홍대앞거리'라는 개성 있는 거리 브랜드가 생겨났다. 물론 그때만 해도 아티스트들의 작업실과 결합된 독특한 문화적 분위기는 아베크족들의 데이트 장소로 충분했다. 하지만 얼마 지나지 않아 신촌, 이대앞 등 여타 동네의 대학가 거리와 별 다를 바 없는 상업적으로만 흥행하는 뻔한 가로로 전락하고 말았다. 몇 년 전만해도 낭만적 거리였던 신사동 가로수길도 최근 유명세를 타게 되면서, 아주 빠른 시간에 강남 제일의 흔한 상업 번화가로 변모하는 모습은 다른 여타 가로의 전철을 밟는 듯하여 안타깝다.

물론 삼청동, 부암동, 서래마을 등 우리주변엔 그 지역 또는 동네만의 독특한 색깔, 분위기가 좋아 살고 싶고, 가고 싶은 동네가 여전히 많이 남아 있고 또한 계속적으로 생겨날 것이다. 이러한 생성-흥행-소멸의 빠른 순환적 반복은 과연 현대도시의 숙명인 것일까?
어쩜 이는 용도별 지역지구제의 문제점일 수 있다. 상업가로 위주의 번화가가 조성되면 이면 골목에 위치한 주거지와 극단적인 양상을 보이게 되면서, 주거지를 보호하자는 취지의 지구별 용도분리는 번화가의 상업적 과열과 개성 없는 우리 동네를 만드는 요인으로 전락할 수 있다.

최근 상수동, 합정동 그리고 연남동 등에 동네만의 개성 있는 작은 상점들이 속속히 들어서면서 새로운 분위기의 골목문화가 다시 형성되는 듯하다. 이와 같은 자생적 골목들이 큰 가로로부터 모세혈관처럼 침투하는 작은 세로수길(?)들의 확산과 함께 일대를 독특한 문화적 프로그램을 가지는 장소로 변화시킨다면, 지역 그 자체가 주거로서의 일상의 삶과 다양한 문화적 요소가 어우러진 살고 싶은 특별한 동네 브랜드가 될 수 있을 것이다.

따라서 가로에 면한 이차원적인 파사드에 의존한 상업화보다 크고 작은 가로로부터 다양한 프로그램이 연장되어 그 일대의 거주문화와 어우러지는 가로의 활성화가 절실하다. 결국 도시 내 잠재된 동네문화 자체를 끌어내어 그 지역을 문화적 기반으로 활성화시킬 수 있을 것이다. 우리는 상업적으로만 흥행하는 홍대앞거리가 아니라, 유니크한 문화적 성격을 갖는 분위기 있는 '홍대앞'을 원한다.
우선 이 프로젝트가 위치한 상수동 뒷골목에서 최근 나타나고 있는 자생적인 변화의 특성을 이해하는 것이 무엇보다 중요했다. 번화가로부터 연장된 골목길의 수평적 확장이 지

대지위치 서울시 마포구 상수동 93-103
용도 근린생활시설
대지면적 483.00㎡
건축면적 253.58㎡
연면적 1115.75㎡
건폐율 56.04%
용적률 180.09%
규모 지상5층/지하1층
구조 철근콘크리트
외부 마감 노출콘크리트, 마천석 , U-glass
설계 ㈜ 로디자인, 홍익대학교 김동진
설계팀 박혜인 , 정동휘 , 윤지혜
시공 다산건설
설계기간 2011. 10 ~ 2012. 05
시공기간 2012. 06 ~ 2013. 05
사진 박완순

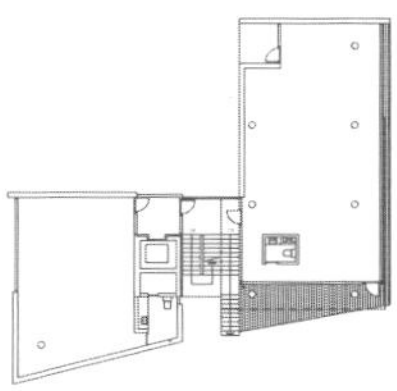
2층 평면도

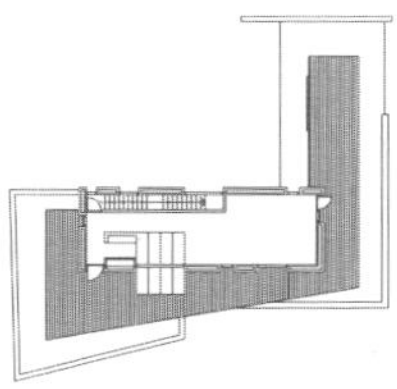
5층 평면도

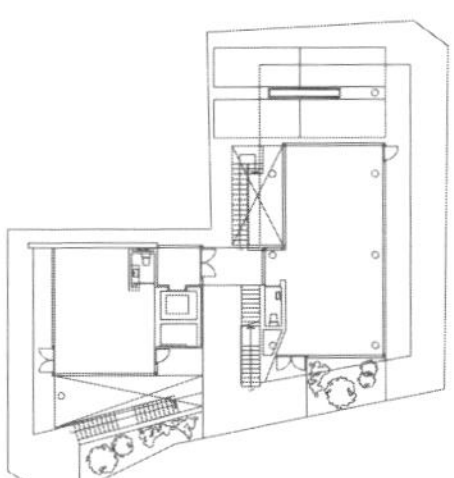
1층 평면도

4층 평면도

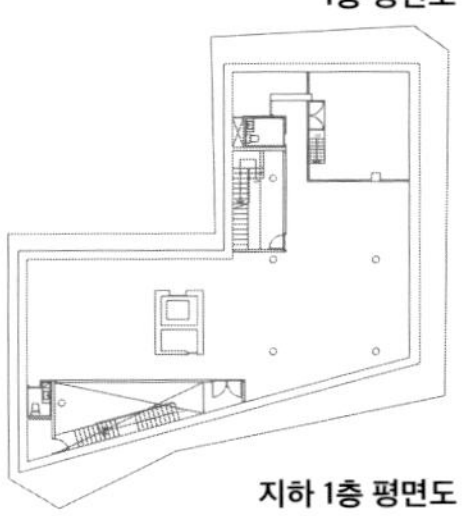
지하 1층 평면도

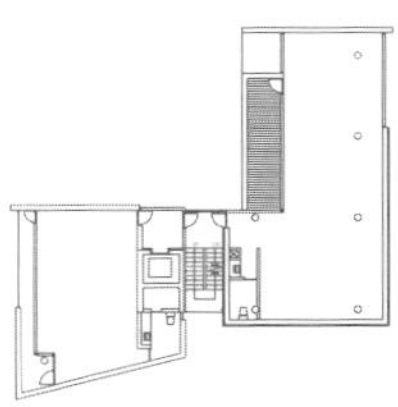
3층 평면도

역주민들이 살고 있는 주거지 내부로 침투하지만, 거주공간들이 소규모의 상점들과 문화, 편의 시설과 함께 어우러지면서 일상의 삶이 오히려 풍요로워지는 살고 싶은 동네를 만들고 싶다.

먼저 우리는 골목 안쪽의 작은 부지지만 가로의 입체적 연장을 통해 일상의 삶에 필요한 공간이 수직적으로 재배치될 수 있는 건축적 방안을 고민했다.

스페이큐머_ Spacumer
Space+Consumer

Spacumer는 소비의 어원을 가진 단어 Consumer와 건축에서 공간을 의미하는 Space의 합성어로서, 건축이 시각적 미와 면적 확보를 통해 얻어지는 물리적 상품으로서의 단순한 구축물에서 벗어나, 상거래와 다양한 소통을 포함한 실질적인 커뮤니케이션과 그 안에서 발생되는 문화적 생산을 스스로 생성할 수 있는 장소만들기(placing) 개념으로 보다 확장될 수 있는가에 대한 물음이다.
이러한 질문은 건축에서의 물리적 공간이 더 이상 목표가 아닌 오히려 소비의 대상으로 활용됨으로써, 건축을 통해 인간의 삶의 질을 높이는 장소를 만들어야 한다는 본질적 사명을 거론하고자 함이다.

Spacumer는 거리를 배회하듯 입체적으로 적층된 가로구조의 건축 개념으로서, 다양한 콘텐츠에 담긴 이야기 거리와 움직이며 발생하는 인간적 소통의 가능성을 즐김으로써 공간 자체를 소비해버리는 건축을 말한다. 지상 가로로부터 자연스러운 연장과 내부로의 매혹적 접근 유도_Fetching approch을 위해, Yellow wall, Floating mass, Tracking stair의 세 가지 요소를 활용하여 건축이 도시 가로의 일부분이 되고자 시도하였다.

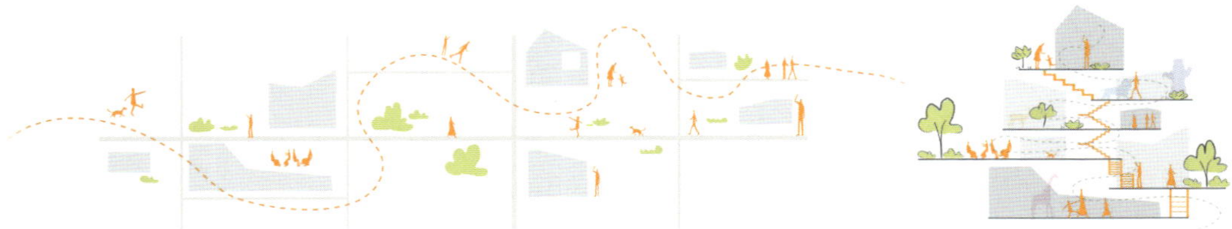

Tracking alley 유연한 가로의 수직적 확장

Spacumer 소비촉진제로서의 공간

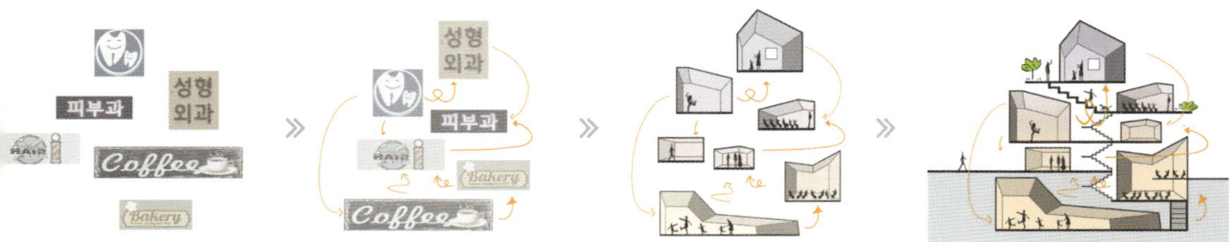

Consumer Interaction Synergy 소비재의 연쇄작용

Self Organizing Program 프로그램 자기조직

Tracking Alley_ 유연한 가로의 수직적 확장

"도시의 활성화는 가로의 역할이 크다"라는 전제하에 시작된 이번 프로젝트는 대지 내에서 수직적으로 적층될 수밖에 없는 법적 굴레 내에서 각각의 부유된 매스들 간에 소통을 일으킬 수 있는 건축적 수직가로를 만드는 작업이었다. Fetching approach의 요소로서의 Tracking stair는 입체적 가로의 핵심적 역할을 수행하면서 가로가 확장해서 내부로 끌어들이는 역할과 더불어 잉여장소와 프로그램이 연쇄적인 반응을 일으킬 수 있는 바탕을 마련함으로써 건축과 삶이 교감하여 일상으로 귀결되는 전략이다.

Self-Organizing Program_ 프로그램의 자기조직

근린생활시설에 입점 가능한 프로그램의 종류는 다양하다. 특히 임대를 목적으로 건물이 지어지는 경우에는 특정 기능을 위한 시설물이 아니므로 임대 들어오는 업종들에 따라 계속적으로 다르게 프로그래밍 되므로 마치 유기체와도 같다. 맛있는 빵집- 과자와 함께 마시는 커피집- 차 한잔과 함께하는 네일샵- 미용 관련 성형외과- 성형과 연계된 피부과- 의원 처방전용 약국 등과 같이 입점하는 프로그램 간에 상호 시너지를 발생시킬 수 있는 가능성을 가로의 수직적 확장으로 인하여 마련한다면, 프로그램이 연쇄적으로 반응하여 스스로 공생할 수 있는 토양이 다져 지는 것은 어려운 일이 아닐 수도 있다.

근린생활시설이 시대와 도시의 변화에 대응하는 건축물이 되려면 단순히 특정 기능을 소화하는 건물이 아니라 시간에 따라 또는 주변 입점 상황에 따라 유연하게 적응하는 방식의 공간 구조는 필연적이다. 서로 연계된 프로그램들의 다양하고 의외적인 조합이 이루는 역설적 하모니가 지금의 '홍대'를 이룬 바탕이 되었듯, 상수동 Spacumer는 이곳만의 특별한 문화발현 의지에 기초가 될 것이다.

주거, 문화, 상업이 공존하는 특별한 DNA를 가진 상수동이 과거 홍대의 비정상적 변이의 답습이 되도록 방관하고 있을 수만은 없다. Spacumer는 이 시대의 상업시설의 폭력적인 난입에 대한 유연한 대응방법이며 모두가 함께 어울려 살고자 하는 건축의 조그만 사회적 배려이다.

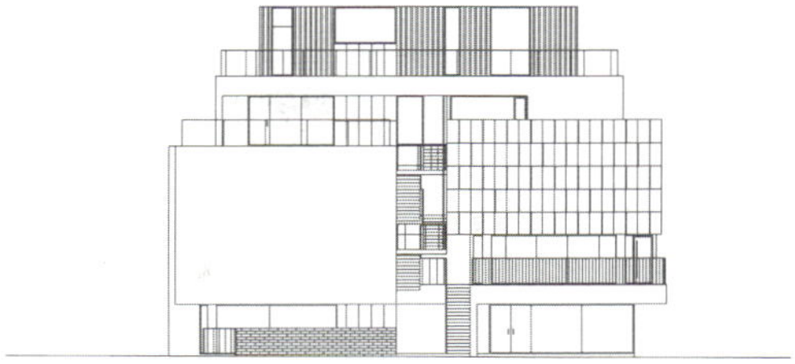

정면도

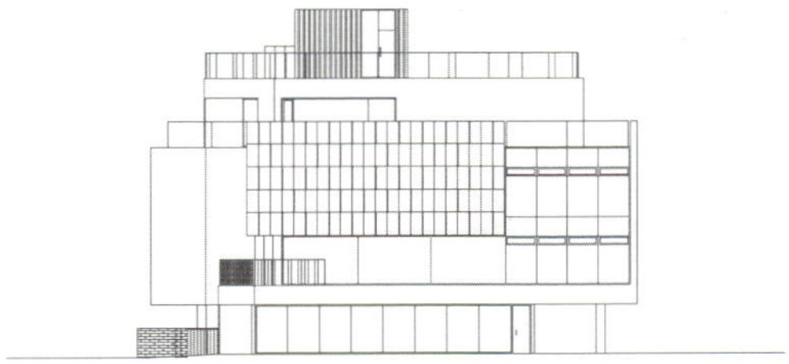

우측면도

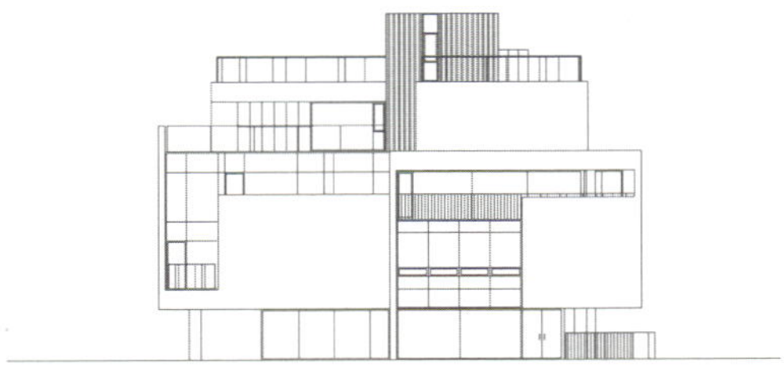

좌측면도

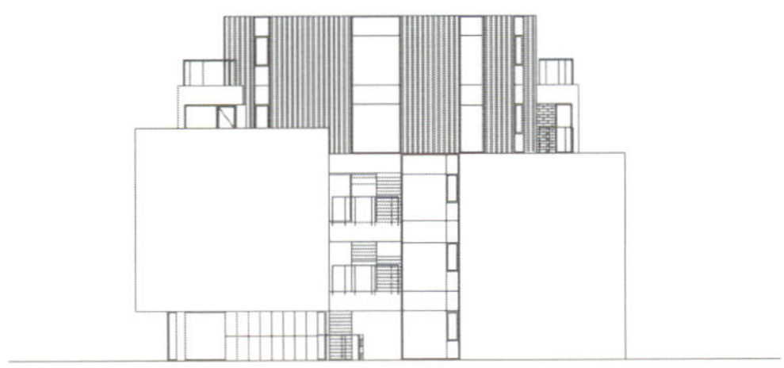

배면도

1 Yellow Wall를 통한 내외부 확장
2 Tracking stair

2

1 내부 전경
2 내부 전경
3 Floating mass

3

Zip건축

충주 번영빌딩

Beon-yeong Building

Similarity/ Difference

건물은 전면과 후면으로 도로와 접하고 있으며, 대칭적인 파사드를 가지고 있다. 2개의 MASS는 어느쪽이 더 많은 비중을 차지한다기 보다 동등한 비중을 가지고 있다. 이 프로젝트는 두 명의 건축주 하나의 건물을 공유해야 했기 때문에, 각각의 의견을 반영하면서도 서로 동등함을 가져야했다. 동등한 크기의 2개의 MASS가 각도로에 면하여 세워지고, 그 각각의 MASS에 가로 혹은 세로의 수많은 개구부를만들었다. 이 개구부는 2개의 MAS의 동등성은 파괴하지 않으면서, 각각의 아이덴티티를 갖게 해주었다.

The building has a front and back wall which is adjoining with the road, and consists of a contrasting fasade. The 2 masses have equal gravity rather than one having more gravity than the other. This project had two architects whom had to share one building; therefore, both architect's ideas had to be reflected and be equal. Each 2 MASS which is of same size was placed adjoining with each road, and many width or height openings were created. These openings helped the 2 MASS develop an identity without destroying it's equality.

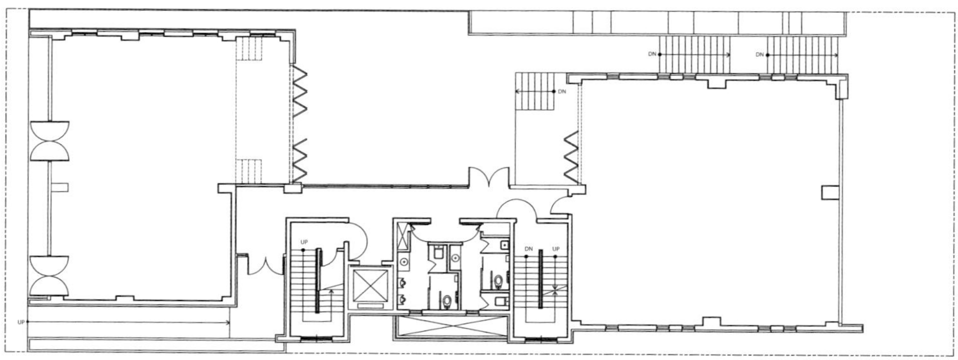

1층평면도

대지위치	충청북도 충주시 연수동 1352
용도	제2종 일반주거지역
대지면적	739.10 M^2
건축면적	404.73 M^2
연면적	2,338.26 M^2
건폐율	54.76%
용적률	248.28%
구조	철근콘크리트 구조
시공	찬중건설
창호	한솔건업

Contrast/Balance

The 'contrast' was used to add value to each identity, and by adding even more shape, it was an execution of a contradistinctive intention that does not want an emphasis of mixed forms. Vertical and horizontal lines are more distinctively shown when coexisting rather than when they stand alone, and can express each of its different images or atmospheres within a similar MASS. The balance of contrast is a balance of tense, clearly dramatic, forceful emphasis, and it is a balancing method that is reached by accentuating and emphasizing the shape and each of it's purity.

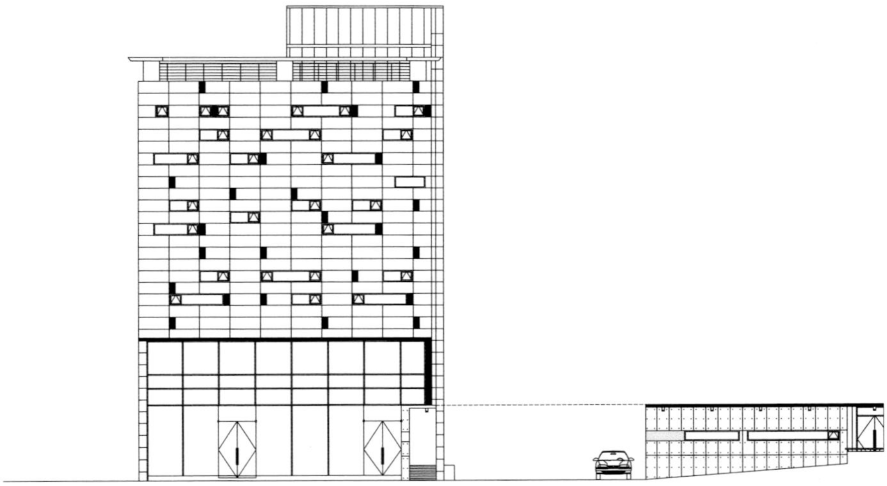

ENTRANCE

주출입구는 외부에서 내부의 어느 지점까지 연장선상의 모든 공간구성을 의미한다. 도로에서 주출입로로 진입하면서 만나게 되는 '경계부'는 동적인 진출입이 이루어지며, 건물에 대한 이미지를 만드는 첫 대면이 이루어지는공간이다. 전면창으로의 내, 외부 연결은 진입에서의 거부감을 없애주고 목적지까지의 공간을 인지할 수 있게 한다. 경계부와 함께 존재하는 중앙정원으로의 동선은 둘 다 외부공간이면서 서로 다른 성격을 가진다. 전면도로에서의 진입로는 낮은 천장으로 편안함을 가지고 좁은 공간에서 확장된 중앙 공원으로의 연결은 좀 더 극적인 경험을 준다. 후면도로로부터의 야외계단은 수공간과 함께 어우러지며 진입에서의 이동속도를 줄이고 새로운 공간지각을 준비하게 되며, 공간의 성격 변화를 경험하게 한다.

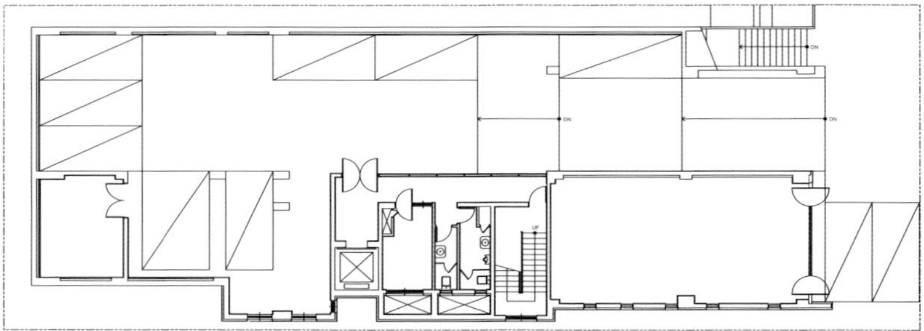

지하층평면도

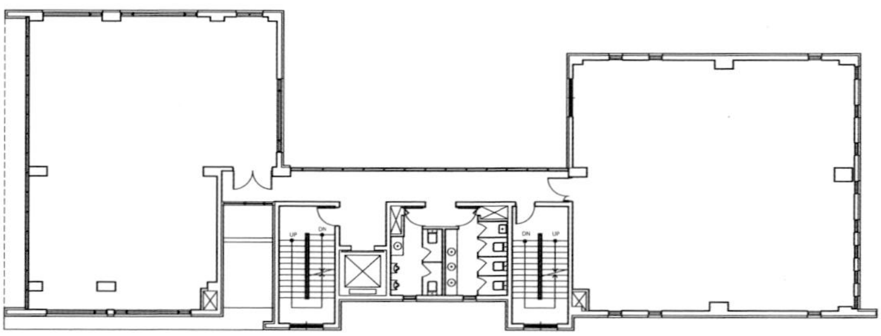

2층평면도

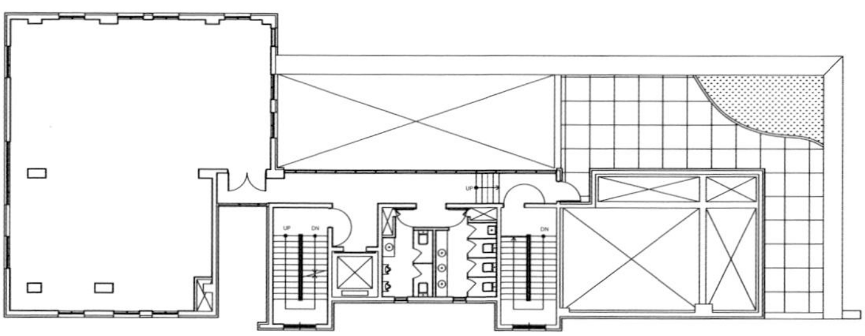

5층평면도

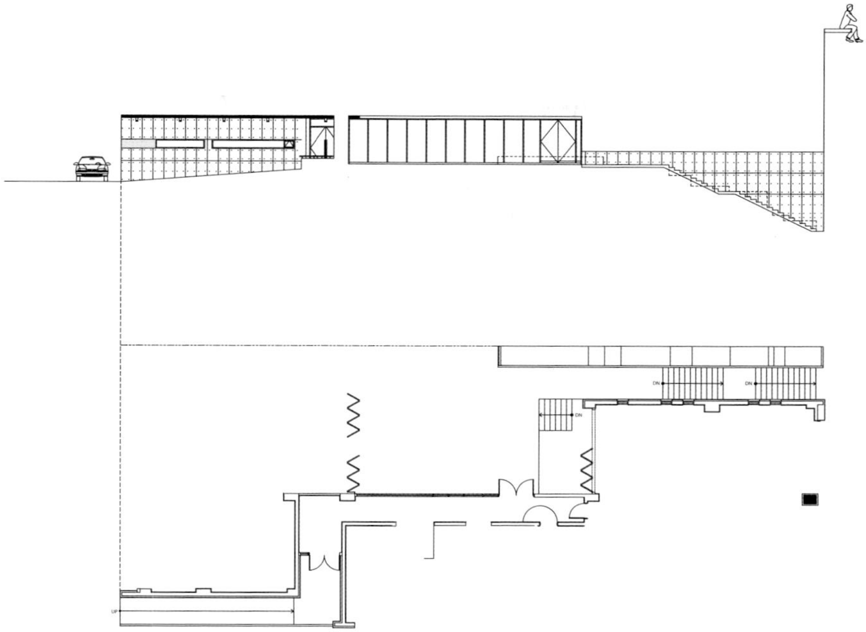

Diagonal Line - slope, stair

MASS사이에 생겨난 '중간적공간(intermediary space)은 도로와 같은 선상에서 조금 위에 배치했다. 이 공간은 내부공간의 밖이면서도, 연장선상의 엣지(edge)안에 있다. 이러한 배치로 생겨난 도로로부터의 수직적 동선들에 의해 그저 수평적 움직임만이 아닌, 다양한 움직임을 갖게한다. 각 진입로의 노출콘크리트가 주는 디테일함은 작지않은 건물으로의 진입에 있어 위압감을 없애고 편안함을 만들어 주었다.

The intermediary space that is created between the MASS has been placed a little above the same line as the roads. This space it outside the internal space and yet placed at the edge of the extending line. Through the vertical flow of movements of the roads developed by such arrangements does it not only have a horizontal movement but also diverse movements. The details by the exposed mass concrete of each entrance reduce the high-handiness of the not so small building and provide comfort.

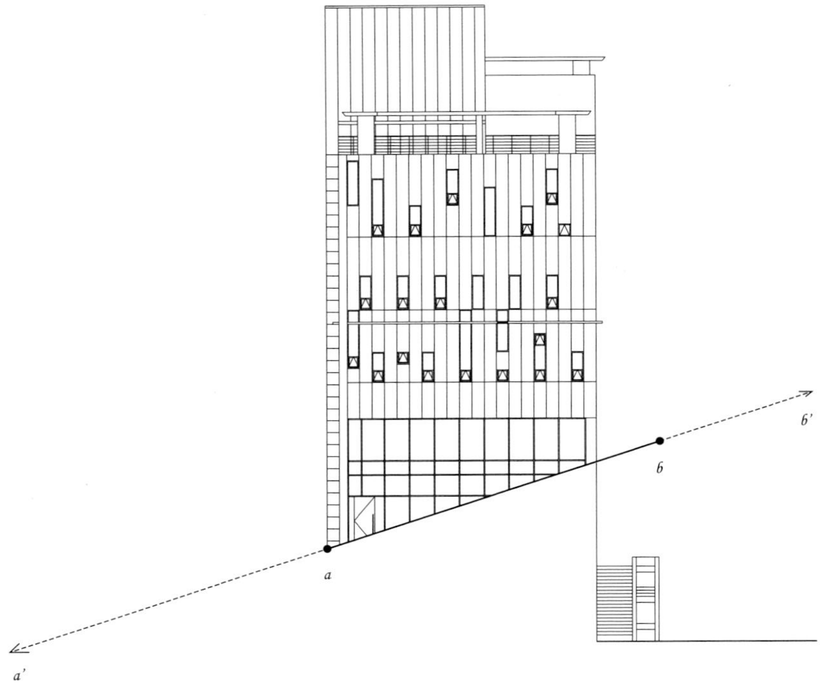

LINE- extention

직선들은 양극사이에 작용하는 긴장과 운동을 나타 낸다. 그것은 또한 연장(extention)의 원리를 나타낸다. 각 도로로 부터 시작된 선은 외부의 흐름을 건물내부에 까지 연장시키기 위한 공공의 성격을 띄고 있는 반외부적 공간이 된다.

Straight lines express the tension and movement that takes place between the two opposites. This also represents the principle of extension. The lines that start from each road become a half-external space that has a public characteristic of which extends the exterior flow into the building.

Horizontality

Horizontal lines were made by stone joints and openings and have been emphasized through the coloring of the stone.

The window system of the openings has been applied differently depending on the horizontality and verticality.
The sliding window shows horizontality along with the openings.

Line

The lines of the Wooden Deck can be seen horizontally or vertically depending on the perspective of the person.

It only has a 'line'.

It has the same element named 'line' therefore has the same characters of the neutral space as such.

Verticality

The vertical aluminum panels develop vertical lines along with the openings. The disorganized openings each work as an element of verticality and accentuate the overall verticality.

Project windows have been used for the nature of vertical windows.

Sharing

두 개의 MASS로 인해 생겨난 이 중립적공간은, 내부이면서 외부이기도 하다. 주변으로부터 분리된 공간인 동시에 언제든 받아들일 수있는, 열려진 공간이다. 이러한 주변과의 관계는, 건물 내부와의 관계에서도 이어진다. 전면창을 이용한 중앙정원으로의 OPEN은 내부의 시각적 경계를 없애주고, 각 MASS의 ENTRANCE의 전면창과 일직선상에 존재하면서 중앙 정원만이 아닌 각 진입로까지 시각을 확장시킨다. 사람들은 독립적인 공간에 머물면서도, 하나의 공간에 머물고 있다.

모나드 빌딩

MONAD Building

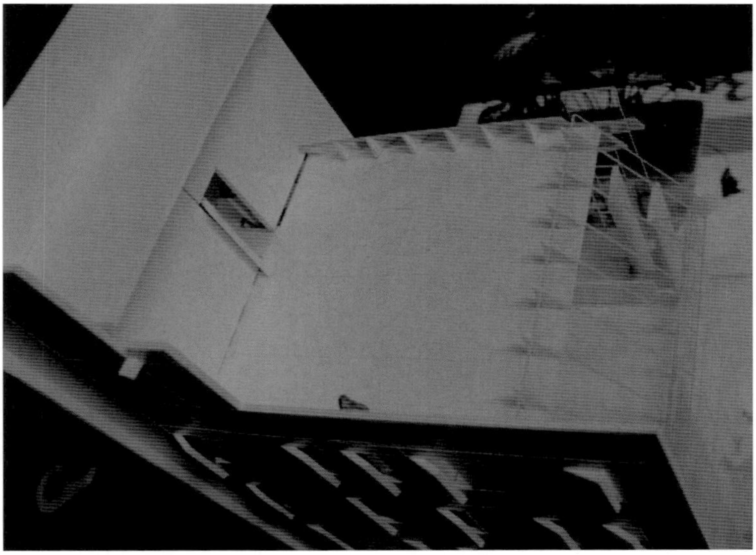

Monad

모든 것은 하나의 엄청나게 큰 전체의 부분에 불과하다.

The world, harmoniously confused, where order in variety we see, and where, though all things differ, all agree. /Alexander Pope

대지위치 서울특별시 송파구 석촌동 253
용도 일반주거지역
대지면적 182.70 M^2
건축면적 103.78M^2
연면적 657.29M^2
건폐율 56.80%
용적률 298.78%
구조 철근콘크리트
시공 Gmen 건설

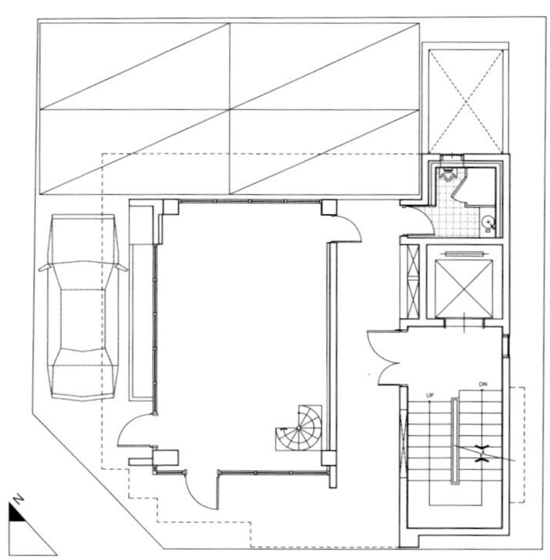

1층평면도

Site

석촌빌딩은 서울에 마지막 남은 최대 재건축단지 주변에 자리잡고 있다. 주변은 대부분이 주택단지로 이루어져있어 정적인 느낌을 가진다. 초기에 재건축단지로의 출입구를 계획하였으나 후에 도로를 따라 정면을 배치, 커튼월을 사용하여 정면성을 부여하였다. 1층은 셋백(SETBACK)되어 외부와 내부의 중간공간을 형성하고, 사이사이 끼워진 벽은 출입구로의 흐름을 유도하고 있다. 코어는 정면에서 뒤쪽으로 물러나 배치하고 노출콘크리트를 사용하여, 전체의 무게중심을 잡아주고 있다.

북쪽으로는 인위적으로 그림자를 만들어 주어 동적인 요소를 만들어줌으로써 주변의 정적인 분위기와는 상반된 입면을 가지며 건물전체에 생동감을 더해준다.

Light and Shadow

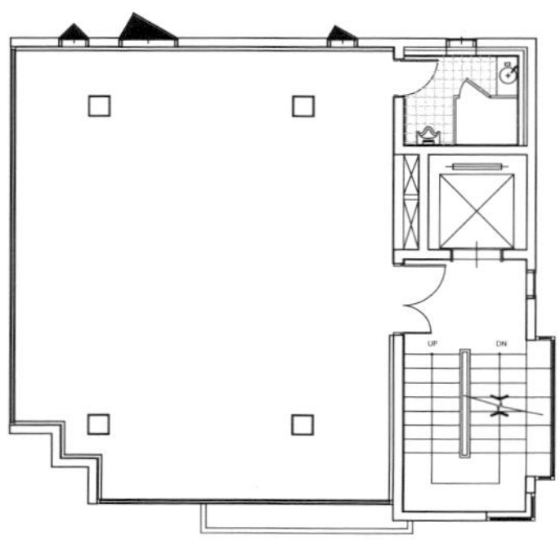

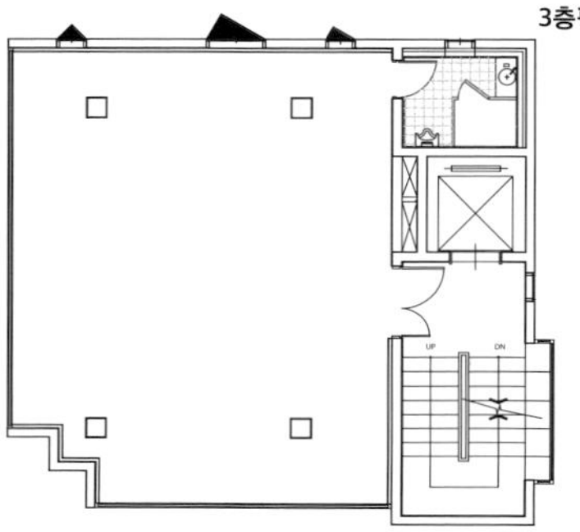

Shadows are created by light.

Light is a formless existence of which casts a shadow that can be seen as time goes by.

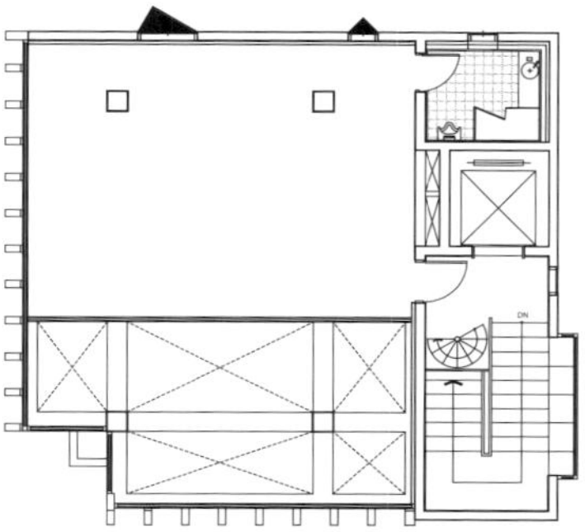

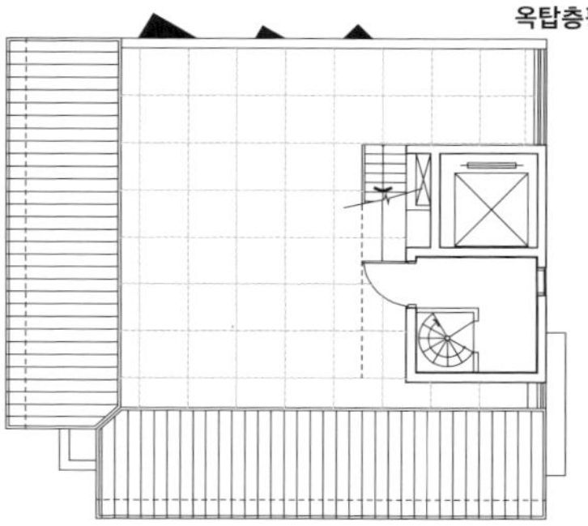

However,
that is only the wall towards the North.

It casts a non-existent shadow of which expresses the strong light that exists within the frozen time.

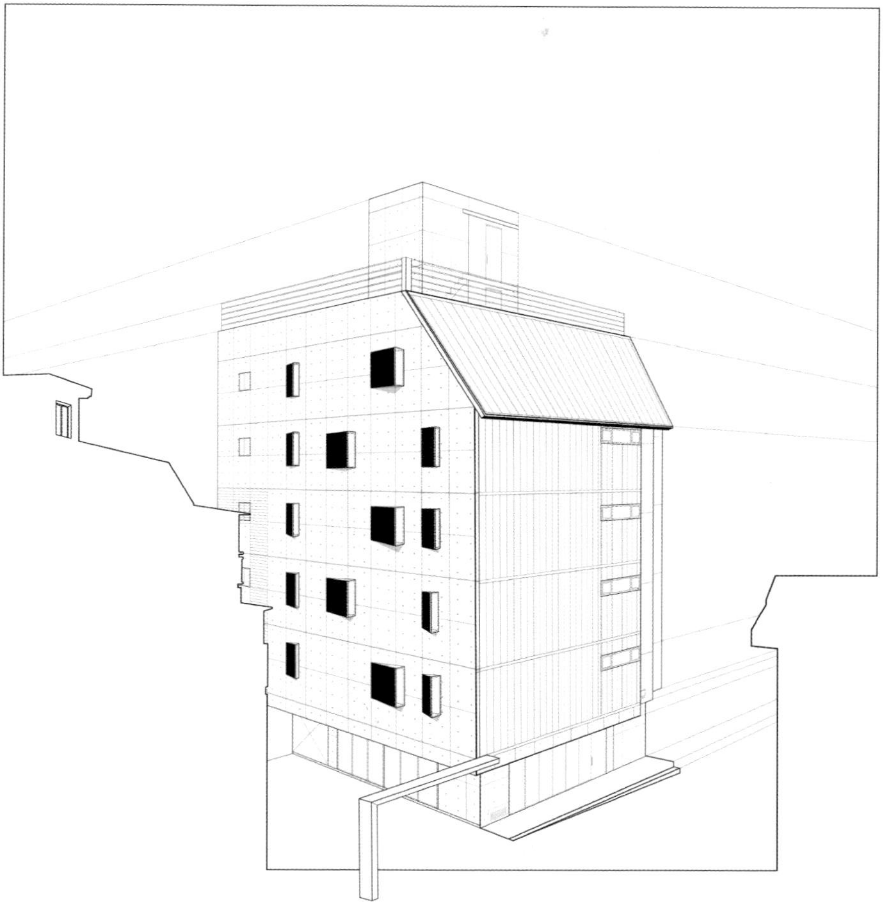

The North Side

MONAD
안 전

Material

각각은, 건물의 외장재가 되기도 하고 내장재가 되기도 한다. 외부에서의 MASS는 내부로 연결되어 벽과 기둥이 되고, 불투명유리는 빛으로 만들어진 면이 된다.

결국, 내부에는 점과 선만이 남겨진다.

Each item can become an exterior or interior material.
The MASS in the exterior is connected with the interior and becomes the wall and pillar, and the opaque glass becomes a side made of light.

As a result, the interior is only left with dots and lines.

Wall Washing Light

외부의 정면을 만들어주고 있는 U-글라스는 직접적인 빛을 막아주고 난반사되어 빛을 들인다. 이것은 창호지의 따뜻한 빛을 닮았다. 직사광선의 빛을 걸러 순광으로 만들어주는 창호지처럼, 그곳은 방안 구석구석까지 조도가 일정한 순한 빛이 가득차게 된다. 그것은, 광산을 발산하여 번쩍거리는 백색이 아니고, 빛을 흡수하는 은은한 빛깔이다. 표백된 순백색이 아니라 옅은 색상을 띈 백색이다. 낮에는 건물 안에 인공조명이 필요하지 않다.시시 각각 변화하는 내부의 조명상태는 그야말로 드라마틱한 공간을 창출한다. 해질녘의 내부는 선홍색을 띈다.

The U-Shaped glass that is developing the exterior facade blocks direct light and rather allows diffused reflection. This resembles the warm light of the changhoji. Like the changhoji of which filters the direct rays of the light and makes purity lighting, every aspect of the room is filled with a smooth light with constant illumination. The light is not like those brightly shining white lights which light up in mines but rather a delicate color that absorbs light. The light is not a bleached pure white color but rather a white light with a light shade. In the afternoon, the interior of the building does not need artificial lighting.

Eaves

현대건축에서의 처마의 의미는 없다. 여기에서의 처마는 노출콘크리트인 소재의 외부로부터의 방어적 완충공간을 만들어 한국적 의미를 담아 보았다.

In modern architecture, there is no meaning for an eave. The eave here that is made out of exposed mass concrete makes a buffer zone defensive of the exterior that expresses the Korean meaning.

Line, Side

면은 선에서 만들어진다, U-글라스의 접합 선들이 모여 면을 연출하고 그면은 다시 선으로 분할되어진다.

The side is developed from the line.
The U-Glass border lines meet and direct a side, and the side again divides into a line

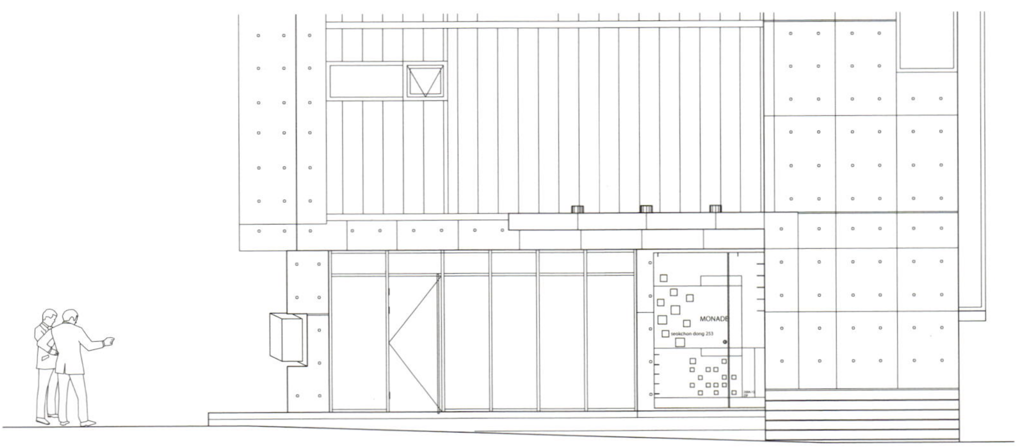
MONADE
seokchon dong 253

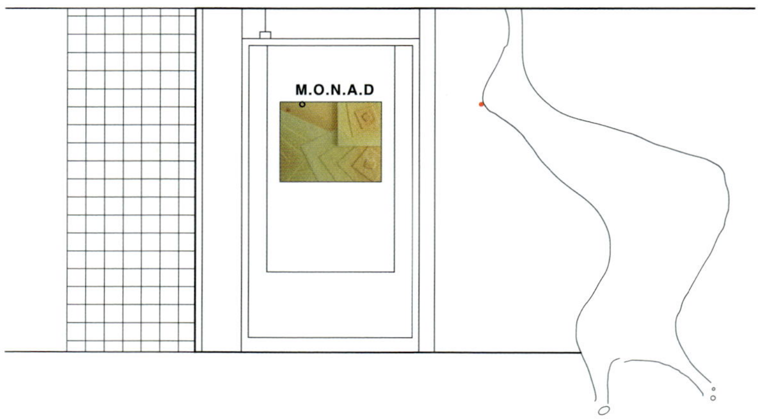
M.O.N.A.D

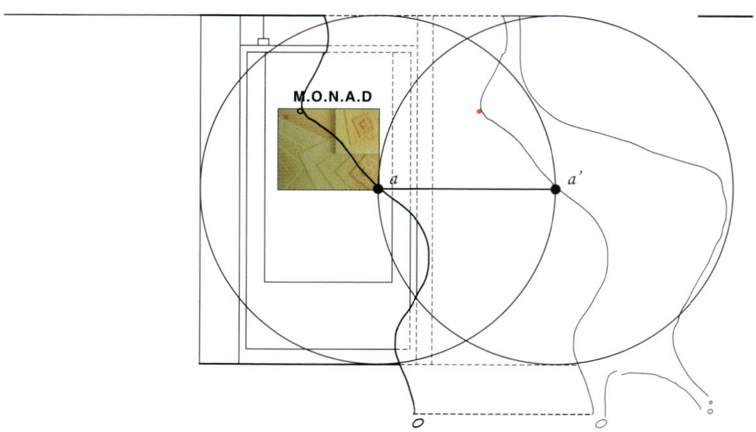
M.O.N.A.D
a
a'

ENTRANCE

2에서 우리는 다른 어떤 수보다도 수와 본질, 즉 다자를 일자로 묶고 복수와 단수를 동등하게 만드는 본질을 더 강렬하게 경험한다. 우리의 마음은 세상을 하늘과 땅, 낮과 밤, 빛과 어둠, 오른쪽과 왼쪽, 남자와 여자, 나와 너로 나눈다. 그것이 어떤 것이 되었든 이러한 양극사이의 분리를 우리가 강하게 느낄수록 우리는 그들의 통일성을 강하게 느낀다.
/Karl Menninger(1893-1990)

숫자2를 의미하는 Dyad는 원형과 그것으로부터 탄생하는 것들 사이의 전이단계, 문이나 입구를 상징한다. Dyad는 통일성으로부터 분리해나가는 것처럼 보이는 반면, 서로 반대 되는 극들이 자신의 근본을 기억하고 서로 결합해 원래의 통일 상태로 돌아가려 서로를 끌어 당긴다는 사실은 Dyad의 역설이다. 하지만, 이러한 양극의 긴장 사이에서 창조와 탄생이 일어난다.

ENTERANCE는 Dyad의 속성을 적용하였고 그것은 남성의 에너지와 여성의 라인으로 표현되어졌다. 각각은, 문의 움직임에 의해 하나가 되고, 다시 둘이 된다. 그것은 나의 움직임에 의해 Dyad의 서로 다른 모습이 존재하게 된다.

Stair

외부의 노출콘크리트는 내부에도 이어진다. 콘크리트구조가 아닌 철골구조에 베이스패널을 얹은 계단은 같은 재료이면서도 외부 mass의 무게감은 느껴지지 않는다. 베이스패널은 2단마다 빼내어 화분을 둘 수 있는 공간을 마련하였다. 그것은 계단실에 생동감을 더해주었다.

The exterior exposed mass concrete is connected to the interior. The stairs where the base panels have been placed on a steel frame rather than a concrete frame uses the same materials and yet does not have the heaviness such as the exterior mass. Each 2nd level of the base panel has been removed in order to provide space for a flowerpot. This provides the staircases more vividness.

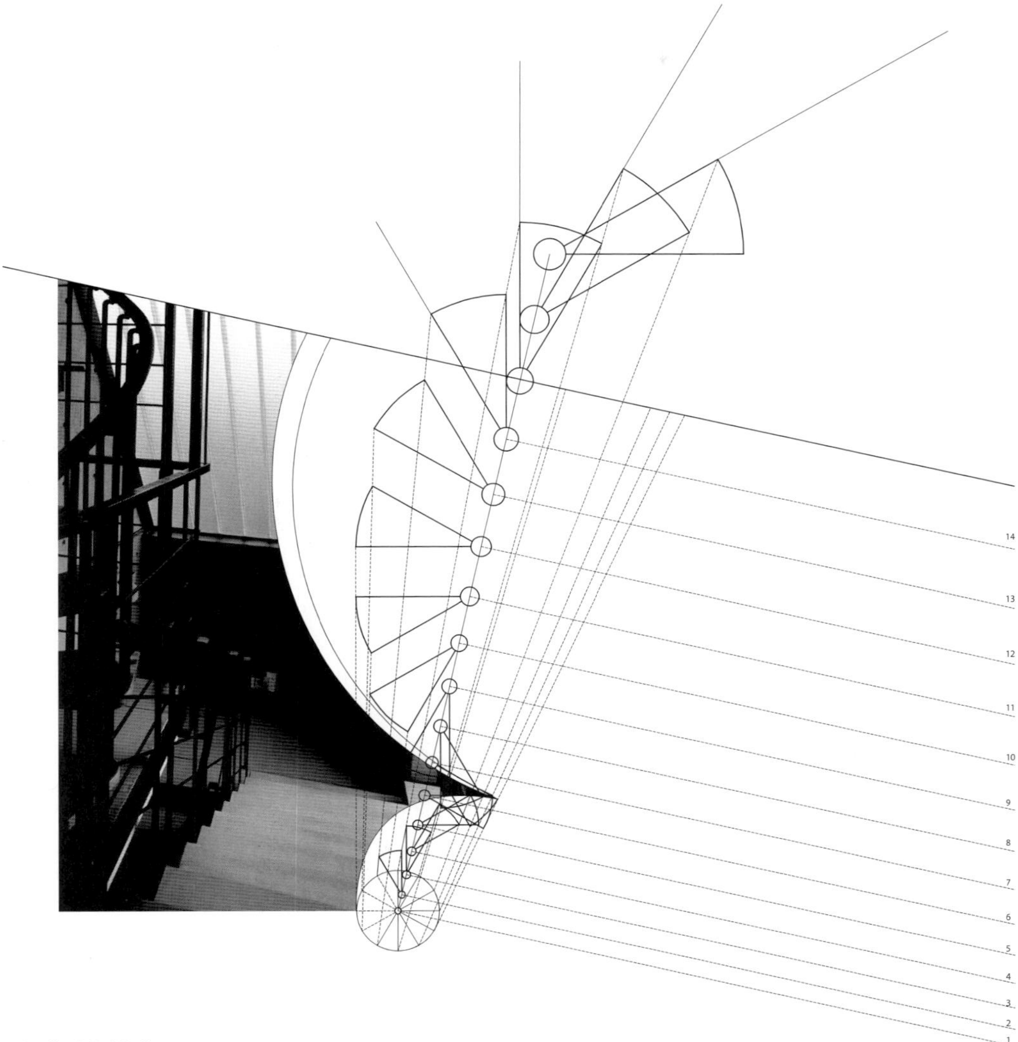

a circular Spiral Staircase

Soft light

심리적인 빛은 밝고 어두움 이상의 의미를 갖는다. 부드러운 빛은 포용성있는 편안함을 준다.

Psychological light is bright and has greater meaning than the dark. Soft light provides a comfort with magnanimity.

임재은
+
남수현

㈜ 케이디에이파트너스건축사사무소는,

2006년 1월 온고당건축사사무소의 제1소로 출발
2007년 1월 Sollo Design Group을 런칭
2010년 12월 ㈜ 케이디에이파트너스로 통합전환
2012년 7월 도시디자인파트 신설과함께 현재의 사무소로 운영

㈜케이디에이파트너스건축사사무소가 추구하는 바는 사회의 변화에 항상 관심을 가지고 디자인에 물음을 던지면서 「삶의 방향과 다양성을 담을 수 있는 건축이란 무엇인가」에 대해 고심하는 사람들이 모인 집단이다. 특히, 이런 고심을 바탕으로 사회와 소통할 수 있는 「건축물 디자인 완결성」에 관심을 가지고, 건축을 하고자 노력하는 디자인 사무실입니다.

J.CUBE
J.CUBE

제이 큐브

J.Cube

근린생활 건물이라는 단어는 원래 주거지역에 필요한 기능을 제공하는 4~8층 정도의 건물을 지칭하는 건축유형이지만, 그 취지와는 다르게 다양한 기능이 포함되는, 우리가 흔히 '근생' 건물이라는 새로운 건축유형을 만들어 내었다. 어쩌면 가장 자본주의 속성에 맞는, '기능이 부여되지 않은' 건물이며, 뚜렷한 기능이 부여되지 않으면서도 우리 도시에서 가장 흔히 볼 수 있는 건축유형인 것이다. 근생건물은 (대부분의 경우) 괴물이 되었고, 필요악인 측면만이 부각되었으며, 유형 자체가 좋든 싫든 우리 시대 도시의 풍경을 대표하는 하나의 상징이 되었다.

이러한 근생건축은 건축가에게 네 가지 정도의 이슈 및 고민을 제공한다. 하나는 입면이 가지는 가능성 (혹은 입면에서만 디자인적 의미를 찾을 수밖에 없는 한계)이고, 둘째는 지상에서부터 수직적으로 적층되는 형태에 대한 고민이고, 셋 째는 임대를 위한 공간의 유연성 그리고 넷 째는 근생건축 안에서 또 다시 나뉘는 세부유형이다. 이번 프로젝트를 끝내면서 생각해 보니, 이에 대한 우리의 태도는 다음과 같은 흐름으로 정리가 되어가는 듯하다.

입면의 가능성

우리가 같이 근무하고 수학하였던 건축가 승효상의 이로재에서는 도시속 건축의 입면을 계획할 때 '침묵'이라는 개념이 중요하였다. 즉, 너무도 혼란스러운 도시의 건축의 입면들, 서로 경쟁하는 듯이 현란한 건축적 언어를 쏟아 내는 시대에 필요한 것은 스파르타적 자기 절제가 있는, 입면의 건축적 요소가 최소한으로 되어 '침묵'에 가까운 디자인을 통해 도시의 혼란을 가중시키지 않는 것이 큰 주제였다.
당시만 해도 상당히 파격적인 시도였던 이러한 디자인 방식은 미니멀리즘을 추구하는 건축의 유행에 따라 이제는 럭셔리 브랜드 건축의 주테마로 사용되는 방식이 되었다. '침묵'하는 입면 자체가 강력한 브랜드 파워가 된 것이다. 이의 예는 압구정동 갤러리아 명품관 근처의 대로에서 럭셔리 브랜드 건축을 보면 쉽게 알 수 있다.

그 후 이로재를 떠나 다른 길을 가며, 같이 사무실을 내지는 않았지만 시간이 될 때마다 만나 토론하던 시기에 우리는 근생건축의 표피에 대해 여러 방향에 대해 생각하고 있었다. 이 시기에 계획하였던 건축이 더원빌딩이었다.

압구정역 뒷골목의 다양한 현상들과 풍경을 담기 위해 우리는 각 층마다 다른 오프닝을 통해 최대한의 임대공간을 위해서 반복적이고 동일할 수밖에 없는 각 층의 공간이 활기를 띄고, 사용자가 어느 층에 있는 지를 인지할 수 있게 하려고 하였다.(이는 이번 J-CUBE에서도 계속 반영되어 창문은 다양한 크기로 필요한 부위에 만들어졌다. 물론 이번 경우에는 이런 전략이 직접적으로 건물의 인상을 결정하지는 않는다.) 더원빌딩에서의 이런 시도는 완공 직후 임대인들의 무식한 인테리어 작가의 선정(모든 창을 막는 내부인테리어를 한 이들이 있었다.)으로 절망하였지만, 아직은 실험이 필요한 진행형이라 생각한다.

J-CUBE에서는 이 방식에 더불어 새로운 시도를 해보았다. 이는 사실 건축주의 요구에서 비롯되었는데, 그것은 최대한 많은 면에 발코니가 있었으면 한다는 것이었다. 처음에는 단순히 즐거운 요구사항이라 생각했던 이 요구사항은 근생건물 뿐만 아니라 현대건축이 가지고 있는(혹은 장점이라 여기는) 입면의 투명함, 혹은 깊이의 부재에 대해서 생각을 할 수 있는 기회를 주었다. 건축주의 힌트에서 시작한 입면 스터디는 한편 발코니공간이 부차적으로 달려진 매스로 보일 수 있다는 점이 큰 고심이었다.(일단, 내부전용공간은 최대한 가용성과 경제적인 매스를 가지고 있다.) 이를 해결하기 위해 깊이가 있는 입면구성, 이를 위한 아주 좁은 베이

의 벽돌기둥의 구성을 통해 입면의 깊이를 더 드러내는 디자인을 시도하였다. 또한 여기에 더해 계단실까지 외부공간으로 제안하여 건물의 내부와 외부가 자연스럽게 교류할 수 있는 경계영역을 확대하여 이동 시 다양한 빛의 변화에 열린 계획을 하고자 하였다.

적층되는 형태

임대건축물은 앞서도 언급했듯이 최대임대면적이 사업적으로 중요하기 때문에 전체적인 모양의 많은 부분이 법규에 의해 자동적으로 결정된다. 그러나 하나의 층위에 또 다른 층을 쌓는 적층stacking이라는 측면은 고층건물이 아닌 근생건물에서 표현적 측면에서 분명 다른 기능의 양상(스케일이나 접근성에서)을 일반적으로 보이게 되기 때문에 이에 대한 고민도 적지 않았다.

W&H 빌딩은 이런 점에 초점을 맞추어 계획되었던 작업이다. 근생건물의 1, 2층에 주로 상업공간이 유치되는 것에 착안, 조경공간을 3층에 위치시켜 1, 2층과 자연스런 연결을 통해 그 사용빈도를 높이는 전략을 취했으며, 또한 단순한 적층이 아닌 위 사무실용 층과 아래 상업용 층의 구분을 건축적으로 표현하는 것을 목표로 하였다. 이를 중요한 프로토타입으로 생각하여 더 발전된 안을 도모하고 있다. 이런 수직적인 구분은 건물자체가 기계적인 적층을 벗어나 완결된 형태로서 존재하는데 많은 도움을 주고 있다고 생각하며, 이는 이번 J-CUBE에서도 4층을 아래와 다른 어휘를 써서 완결성을 갖도록 디자인하고, 편한 동선으로 옥상정원을 사용할 수 있게 하는 것으로 계속 적용되고 있다. 또한 이 대지는 건축주의 부모님께서 건축주와 더불어 나고 자란 주택지여서, 이 장소에 대한 많은 추억과 기억들이 있었다. 4층의 조형적인 차이는 스케일 적으로 이런 기억에 대한 약간의 오마주가 있기도 하다.

임대를 위한 공간의 유연성

이 건물은 당연히 임대를 목적으로 한다. "임대하는 건물의 평면은 어떠해야 하는가"가 첫 번째 과제였다. 결국 내부 전용공간은 다양한 직업의 사무실이 들어오더라고 수용할 수 있도록 하여야 하는 것이 임대 건물의 핵심이다. 이를 위해 내부공간의 기둥을 없애야 했으며 슬라브는 보를 없애고 평슬라브로 만들어 천정등이 자유로이 이동 할 수 있도록 배려하였다 이 평슬라브는 두께 400mm의 중공슬라브라는 구조시스템을 채용하여 기둥과 보를 없앨 수 있었다. (이 중공슬라브에 소화배관까지 매입하여 천정노출배관의 산만함을 최대한 줄여 보고자 하였으나 시공기간의 과도한 연장이 발생하여 부득이 소화배관을 슬라브 외부로 노출한 것이 시공상 많은 아쉬움이 남는다.) 또한 평면적으로도 비정형적인 대지의 조건에서 가장 큰 사각형(임대를 위한 가장 합리적인 형태)을 건축의 형태로 잡고, 나머지를 지하를 위한 썬큰으로 계획하였다.

근생건축의 세부유형

이 글에서 언급한 세 작업은 각 건물이 위치하는 장소의 성격이 판이하며, 이는 근생건축이 위치에 의해 나뉘는 세 가지 유형을 보여주고 있다고 생각한다. 상당한 보행인이 직접적으로 접촉하는 뒷골목형이 더원빌딩이라면, (여기서 형태는 그리 중요하지 않다. 아마 지금 같은 곳에 계획을 새로 한다면 좀 더 물리적으로 외부화 될 수 있는 입면을 저층부에 적용할 듯하다. 사실 당시에도 2층으로 가는 독립적 계단을 계획한 안이 있었으나 채택되지 않았다.) 대로에 위치해서 인지도가 높으면서 보행인이 접촉하는 유형이 W&H 빌딩이고, (형태도 인지도를 가지면서 불특정 다수에게 저층은 접촉된다.) 이번 J-CUBE는 목적을 갖고 찾아와야 하는 장소에 있는 작업이다.

이런 유형에 따라 입면이 가지는 의미나 전략은 바뀌어져야 한다고 우리는 믿으며 J-CUBE의 경우 좀 더 강한, 일관성 있는 입면에 대한 욕구가 장소에 의해서 어느 정도 요구된다고 생각하였다. 이에 따라 건물이 평면적으로나 입면적으로나 격자형을 띈 반복을 통한 강조를 시도하였으며 그러면서도 주변에 맞는 스케일감을 위해 벽돌을 선택하고 각 벽돌기둥의 베이를 좁게 계획하였다. 1층은 어쩔 수 없이 주차를 위한 면적이 되었지만, 도로에 면한 곳에 작은 상점이 들어갈 수 있는 독립적인 매스를 계획하여, 길과의 관계를 회복하려고 노력하였다. 근생건축의 세부유형에 한 가지를 더 고려하고 있으나 아직 얘기를 할 시점은 아니라고 생각한다.

J.CUBE
J.CUBE

건축주 윤성준, 조숙진
대지위치 서울특별시 강남구 논현동 251-6
지역지구 제1종일반주거지역
대지면적 644.60 ㎡
건축면적 380.33 ㎡
연면적 1,288.10 ㎡
건폐율 59.00 %
용적률 148.08 %
규모·구조 지하1층/ 지상4층, 철근콘크리트
내부마감 노출콘크리트, 시멘트치장블럭, 투명에폭시페인트
외부마감 치장벽돌
설계담당 이진성, 백영주
시공 양춘식, 허명조 장덕건설(주)
구조 미래구조
기계설비 설계. 청림설비/ 시공. (주)한울산업개발
전기설비 설계. 다우티이시/ 시공.미래전설
사진촬영 김현준 (바라보기)

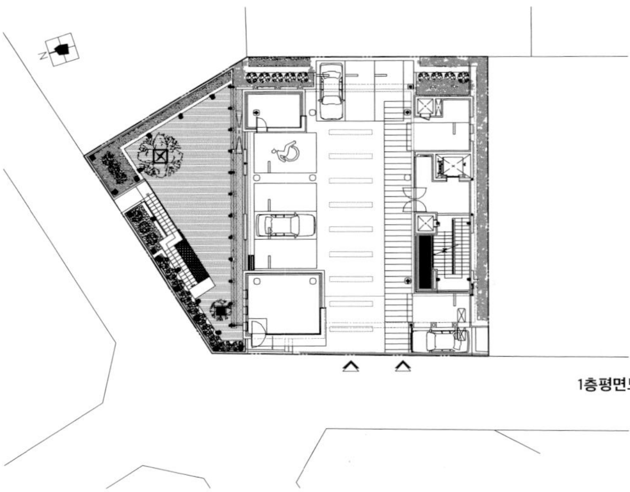

1층평면도

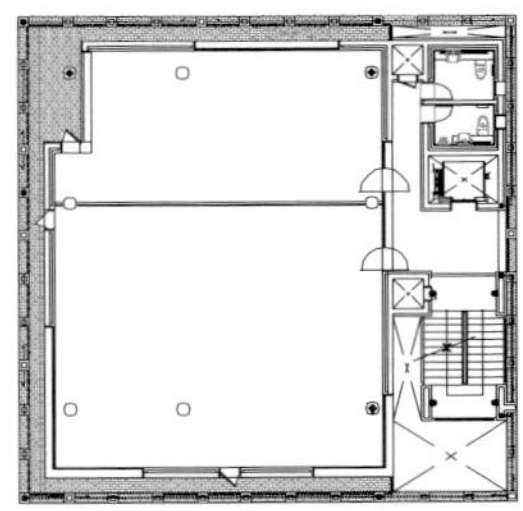

2층평면도

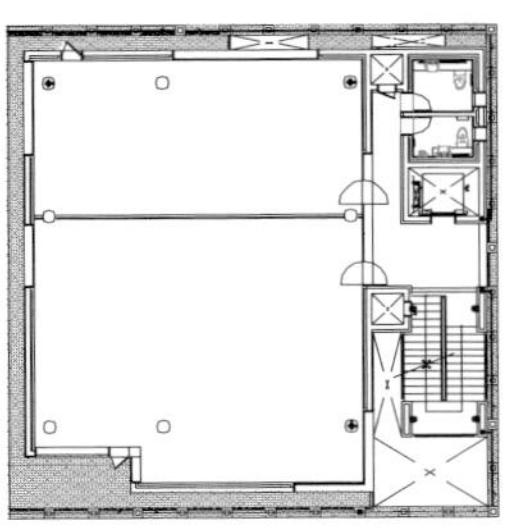

3층평면도

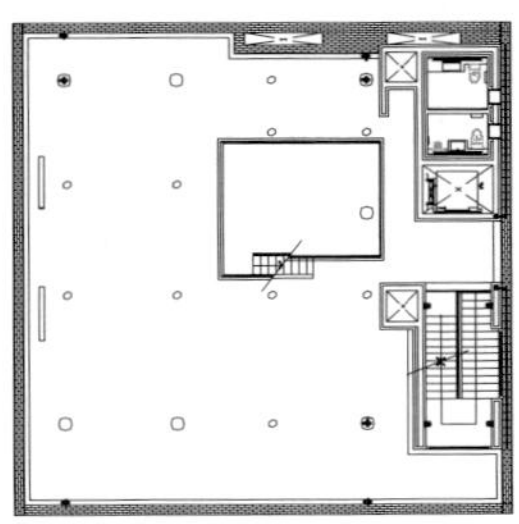

3층RF평면도

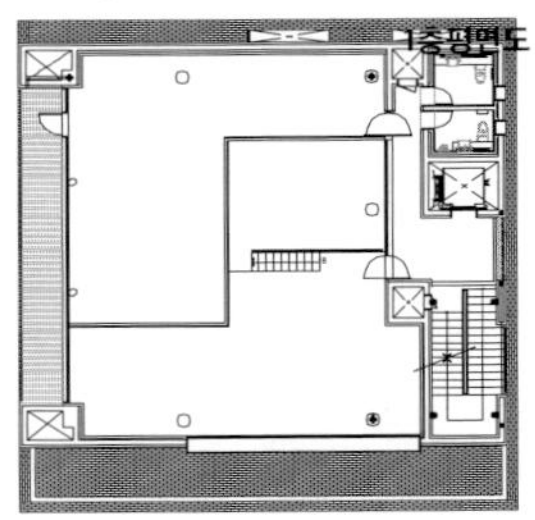

4층평면도

1

2

3

1 1층 주차장
2 지하 1층
3 지하 1층
4 4층 전용공간

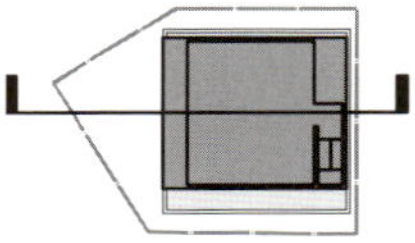

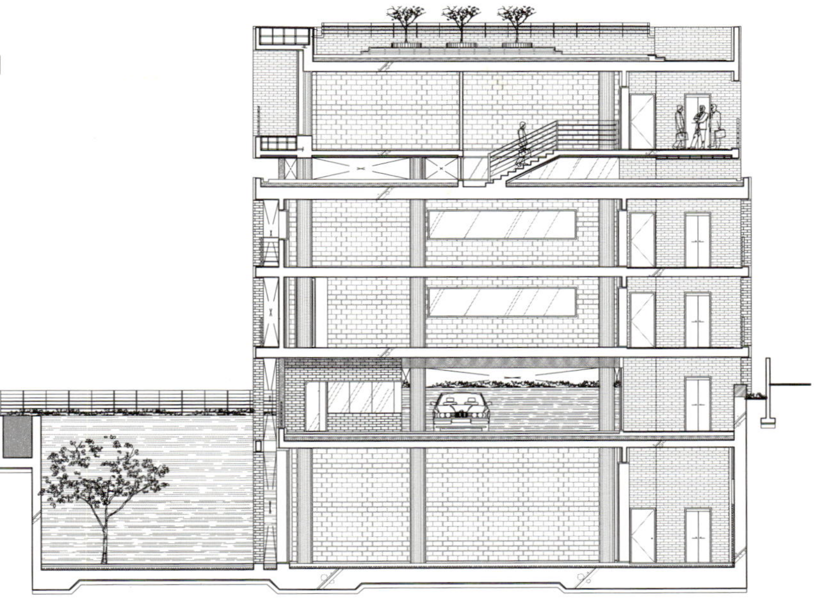

단면도 A

1 3층 정면 발코니에서 거리를 바라 본 모습
2 좌측에서 바라 본 정면 출입구
3 선큰
4 3층 후면 발코니에서 바라 본 외부
5 선큰 나무가 노출콘크리트 벽면에 비친 그림자

1

2

3

4

5

끝내면서

건축가로서 가장 기대가 되는 부분은 완공 후 건축이 변해가는 모습이다. 우리는 디자인을 할 때, 건축의 수명이 오래갈 것으로 생각을 하고 디자인을 해오고 있다. 그러나 실제 우리나라의 건물의 수명은 20~30년 정도밖에 안되는 경우가 많다. 또한 앞으로 도시의 수평적 분할체계로 된 조닝법규가 개인적으론 상당히 많이 변하리라고 생각/기대하고 있다. 요즘 계획을 하면서 하나의 화두로 생각하고 있는 것은 가장 친환경적인 건축이 무엇인가에 대한 고민이다. 우리의 개인적인 결론은 기능이 변화에 맞추어 "살아남을 수" 있는, 그래서 새로운 자원이 투자되지 않고서도 지속적으로 사용될 수 있는 건축이 아닐까 한다. 지어진 이 물체들이 어떤 모습으로 변할지 기대와 궁금을 가지고 지켜보고 있다.

온고당

온고당은 2001년 6월 시작되었다. 온고당이라는 명칭은 대표소장인 안우성 소장의 선친 연정 안상철 화백의 화실이름을 물려받은 것이다. 당시 온고당은 안국동에 위치하여 많은 화가들이 모여 작품에 대해 논의하고 교류하던 장소였다. 온고당은 건축에 있어 다양한 생각과 교감이 일어나는 곳을 지향하고 있다. 대표작으로는 여주 양익재, 수지 박학재, 팔당 산을 닮은 집, 부암동 관한재, 연세재단 와이빌딩, 서울대학교 국제교류관, 흥아기연, 동아알미늄공장, 대구무역회관 솔라즈 빌딩 등이 있으며 건축문화대상 3회, 서울시건축상 1회, 경기도 건축문화상 3회를 수상한 바 있다.

Paskal Jean Building

PASKAL JEAN
신의주찹쌀순대
전문점
간판네온
서울카센타

파스칼 진 빌딩

Paskal Jean Building

사무실을 개업하고 첫 작품이나 다름없는 건물이 파스칼 진 빌딩이다. 지인으로부터 소개받은 건축주는 강북구 번동 유동인구가 거의 없는 곳에 고물상을 사용하던 부지를 매입하고 고민에 빠졌다. 용적율이 400%인 준주거 부지에 최대로 지으면 2000평이 나오는데 임대를 채울 자신이 없었던 것이다. 더구나 건축주는 임대사업에 대한 경험이 전혀 없고 미아동에서 청바지 제조회사를 운영하는 사업가였다. 건축주는 우선 3층정도만 지어 본인의 사무실과 봉제공장으로 쓰다가 추후 거리가 활성화 되면 철거후 다시 짓겠다고 생각하고 있었다.

첫 미팅에서 여러 가지 경우의 수를 제안하고 장단점을 비교하였다. 최종목표인 최대규모 건축을 위한 중간과정으로서 지하주차장의 선 확보, 지상건축의 규모 등 다양한 대안을 제시하였다. 그러나 중간과정을 거치는 것은 경제적으로 손실이 컸다. 따라서 바로 최대규모로 짓는 것이 유리하다는 의견을 제시하였다. 건축주는 자금조달과 공실율을 걱정하고 있었다.

첫 미팅 후 무려 4개월만에 연락이 왔고 최대규모로 계약을 하였다. 지하2층은 주차장, 지하1층의 반은 청바지제작 공장, 지상1-9층은 임대공간, 10층은 건축주의 주택이었다. 지상 두 개층은 청바지회사인 파스칼 진의 사무실로 사용될 공간이었다. 대지면적이 약 300평 한 층의 면적이 약 150평정도로 주변 건물에 비하여 두세배 넓었다.

평당 200만원의 건축비를 주장하는 건축주에게 주변건물보다 넓어 분명 수요가 있을 것이라고 조언하고 청바지처럼 디자인을 강조하면 임차인들이 모일 것이라고 설득하였다. 단순한 개념으로 청바지가 직물을 다루는 것이므로 weaving의 개념을 건물의 전면에 적용하였다. 지루하기 쉬운 가로에 교차되는 곡선으로써 생동감을 부여하고자 하였다. 평면은 전형적인 근생 기준층과 다르지 않다. 강북구 번동의 위치를 감안하여 전용율이 높도록 계획하였다. 다행히 완공 후 10여년이 지나는 동안 공실율이 거의 없이 잘 운영되고 있다고 한다. 한 층의 면적이 넓은 것을 원하는 임차들에게는 이 건물이 주변에서 찾기 힘든 귀한 건물이라고 한다.

대지위치	서울시 강북구 번동 443-8
지역지구	준주거지역, 중심미관지구, 지구단위계획구역
용도	2종근린생활시설, 단독주택
대지면적	1,046.40㎡
건축면적	485.93㎡
연면적	5,761.55㎡
건폐율	46.43%
용적율	400%
규모	지하2층/ 지상10층
높이	40.45m
구조	철근콘크리트조

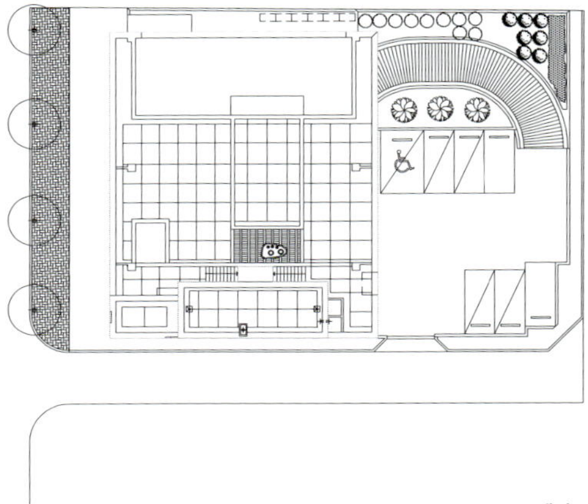

배치도

PASS

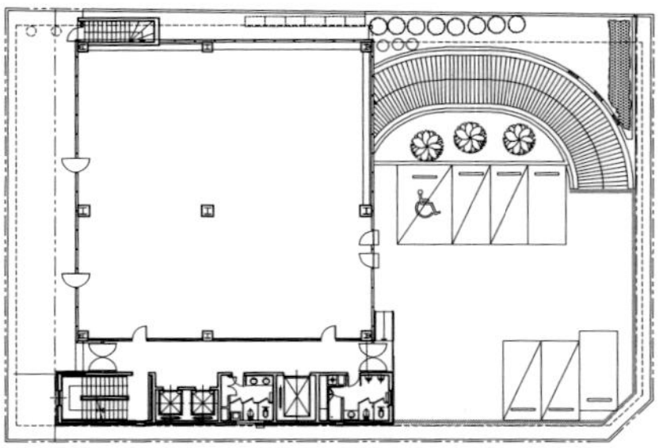

1층평면도

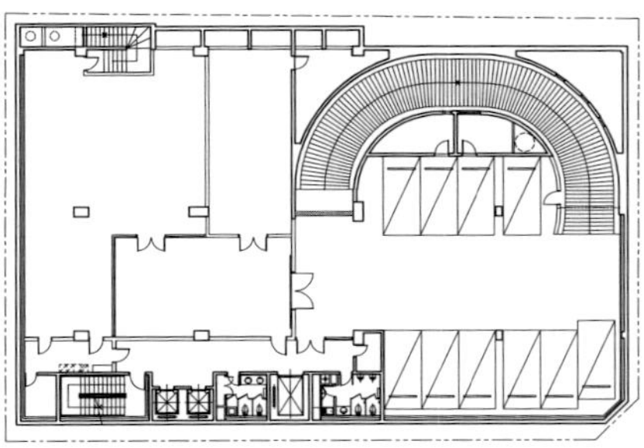

지하1층평면도

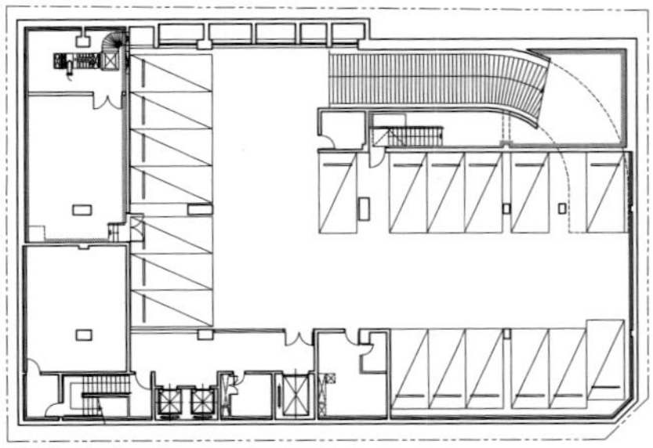

지하2층평면도

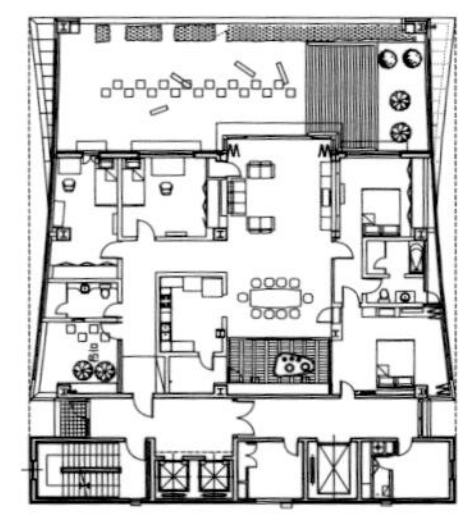

10층평면도

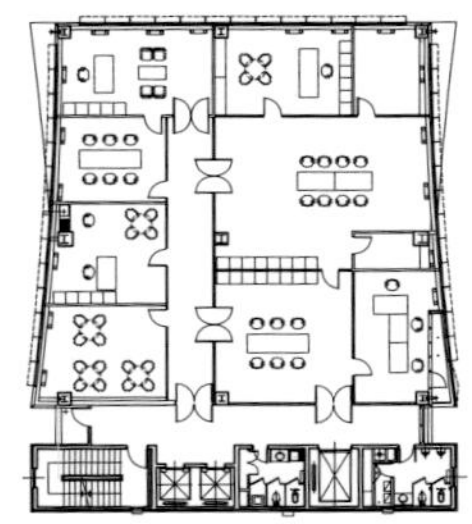

6층평면도

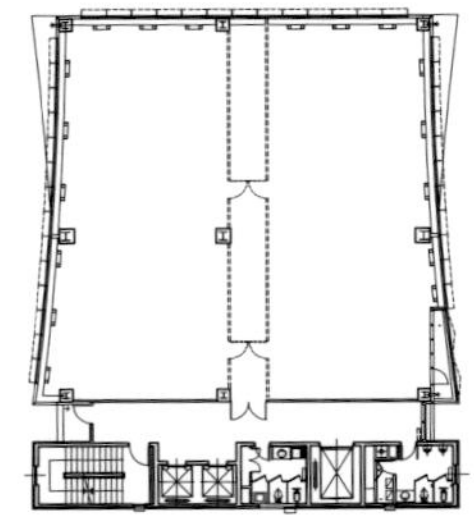

4층평면도

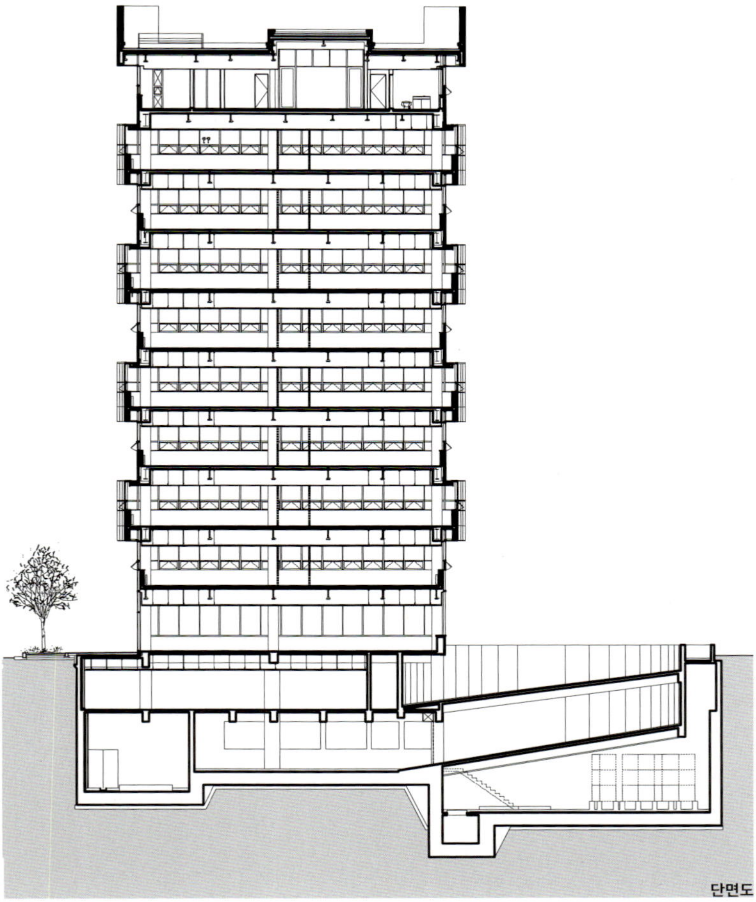

단면도

1 서측면 입면
2 10층 단독주택의 정원

1

2

1 주택 거실의 폴딩 한식도어
2 주택 거실
3 폴딩도어를 개방한 거실 전경

1

2

3

PASKAL JEAN

기는 회전교차로 입니다.
진입 전 반드시 감속을!
차량은 회전 차량에 우선 양보하세요!!
서울서대문경찰서

연세재단 Y빌딩
SARBUCKS COFFEE
슈퍼 문구
애란원

● 189

연세 와이 빌딩

Yonsei Y Building

이 건물의 건축주는 연세학교법인이다. 연세재단이 이 부지를 모두 매입하는데 10년에 가까운 기간이 걸렸다고 한다. 부지를 확보한 목적은 대지의 북측에 면한 도로가 연세대 동문으로 통하는 길로서 폭이 4m밖에 되지 않았고 경사가 심하여 경미한 사고가 빈번히 발생되었고 통행에 많은 불편이 있어 이를 개선하는 것이었다. 연대 동문은 정문보다 통행량이 많은 곳으로 봉원고가차도 하부 교차로를 통하여 광화문으로 편리하게 갈 수 있기 때문에 연세대 전체의 통행에 중요한 역할을 하는 곳이다. 부지를 매입한 재단은 도로 폭을 8m에 가깝게 확보하기 위하여 과감하게 1층의 면적을 대폭 줄여 인도를 설치하고 차량이 교행할 수 있도록 확폭하였고 경사도를 조정하였다.

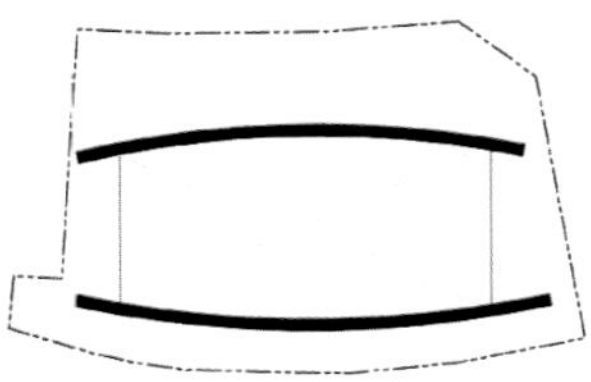

도로를 확장하고자 하는 일차적인 목표는 1층을 축소하므로써 달성되었다고 한다면 유동인구가 작은 연대 동문의 거리에 연세대학교를 상징하는 것을 디자인으로 풀어야 했다. 이 건물에는 두 개의 곡선이 있다. 하나는 대지경계의 곡선이다. 로타리를 따라 형성된 대지의 경계선이 곡선으로 되어 있으며 건축후퇴선도 곡선이다. 이 것을 그대로 평면 외곽선에 적용하였고 이를 조화시키기 위하여 배면도 전면의 곡선을 뒤집어 대칭으로 가운데가 넓고 양측이 좁은 배의 형상으로 계획하게 되었다.

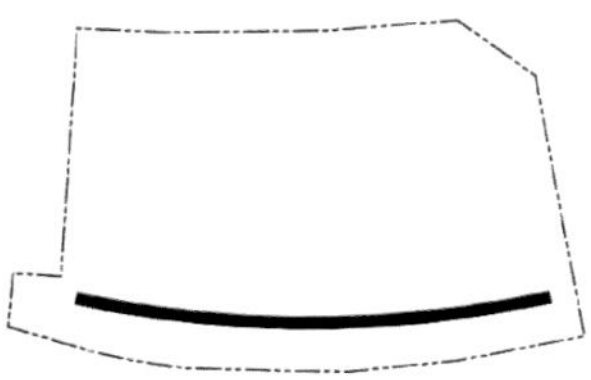

또 하나의 곡선은 1층의 set back된 지점과 건물 6층높이에서의 대지경계를 이어주는 곡선으로서 이 건축행위 자체가 도로의 확폭에 목적이 있었음을 은유적으로 표현하고자 하였다. 아래 1층에서 최상층 까지 캔틸레버로 휘어지는 곡선을 통하여 도로의 관문성을 강조하고 도로의 폭을 더 넓게 보이게 하는 효과를 의도하였다. 유리와 금속판넬을 분리하는 또 하나의 곡선이 이 캔틸레버 곡선을 강조하게 만든다. 즉 입면에서 네 개의 곡선을 디자인하여 우측의 캔틸레버로 된 매스를 좌측에도 적용된 것처럼 착시효과를 일으키어 대칭인 것처럼 보이고자 하였다.

연세재단 Y빌딩
STARBUCKS COFFEE

대지위치	서울특별시 서대문구 대신동 115외 3필지
지역지구	3종 일반주거지역, 역사문화미관지구
용도	근린생활시설
대지면적	665.20㎡
건축면적	330.74㎡
연면적	2,516.40㎡
건폐율	49.72%
용적율	240.93%
규모	지하2층/ 지상6층
높이	31.13m
구조	철근콘크리트조
외부마감	THK24 투명로이유리, 현무암, 카멜레온판넬

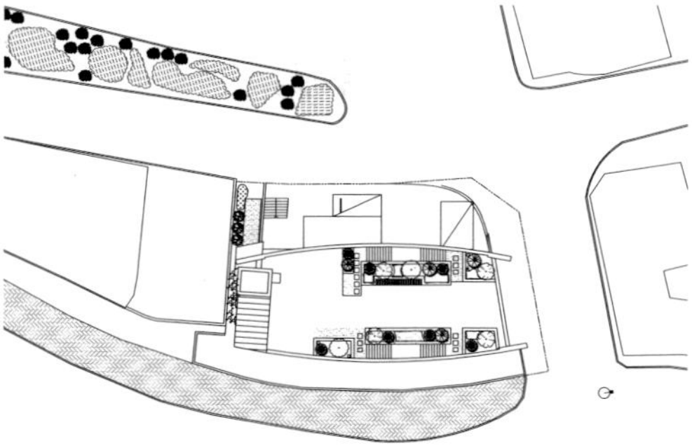

배치도

조형과 입면은 위에서 기술하였듯이 도로의 확장과 대지의 형상에서 도출되었다. 중의(重意)적 상징은 여러 가지 의미를 담을 수 있다. 이 건물이 자리한 곳은 20년 이상 신축건물이 없는 곳으로 연세대 동문회관까지 정체성 없는 가로를 형성하고 있으므로 생동감이 필요하였고 이 건물을 이용하게 될 청년들의 역동성을 나타내고자 하였다. 재료로 쓴 카멜레온 판넬은 빛의 각도에 따라 색이 두 가지로 나타난다. 비늘모양의 디테일은 연세대 상징인 독수리에서 유추되었고 원형의 창은 건물을 관통하는 새로운 축 즉 연세대 동문이 정문만큼 중요한 접근축이 되었다는 것을 알리고자 함이다.

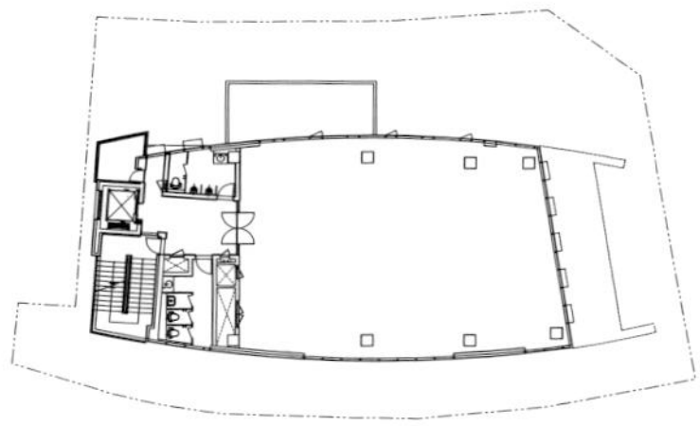

2층평면도

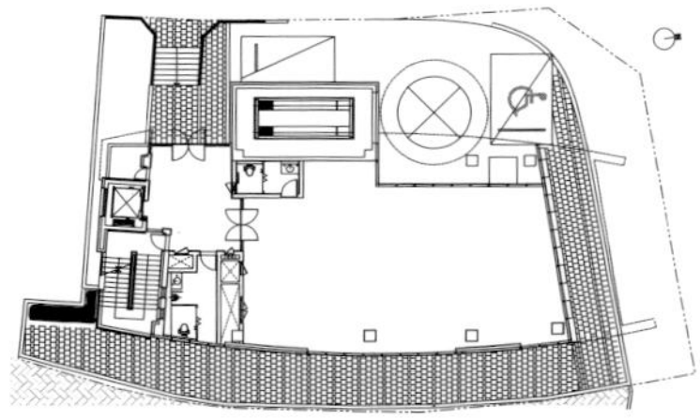

1층평면도

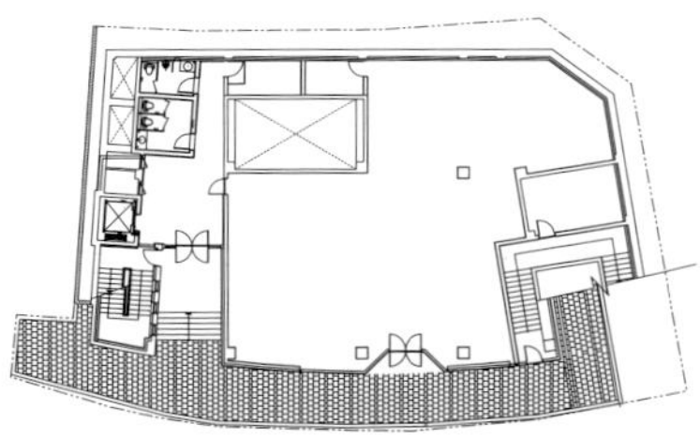

지하1층평면도

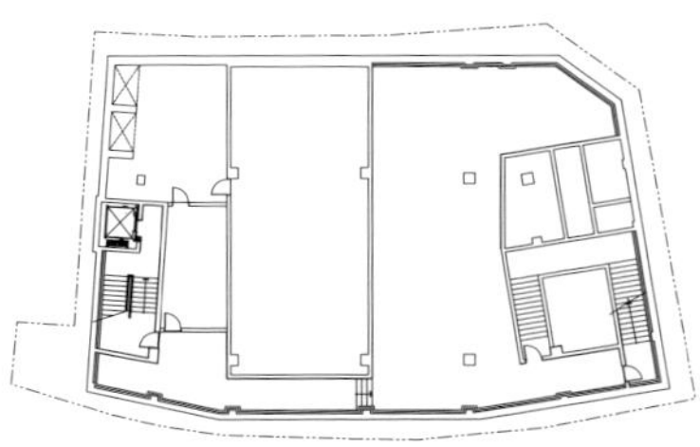

지하2층평면도

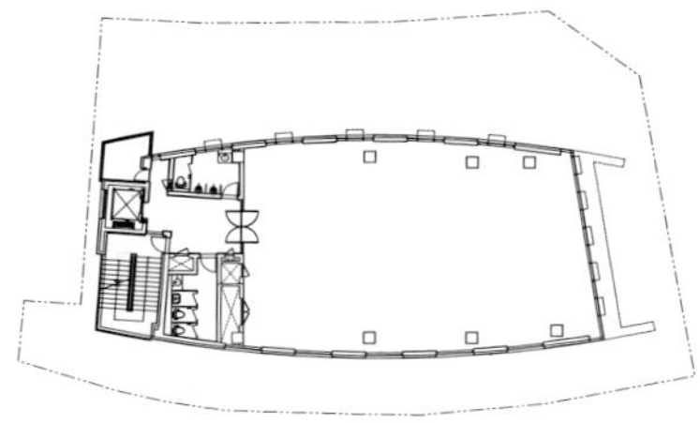

6층평면도

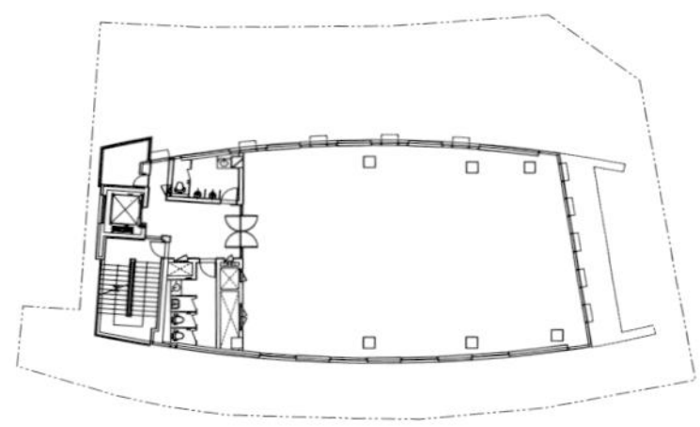

5층평면도

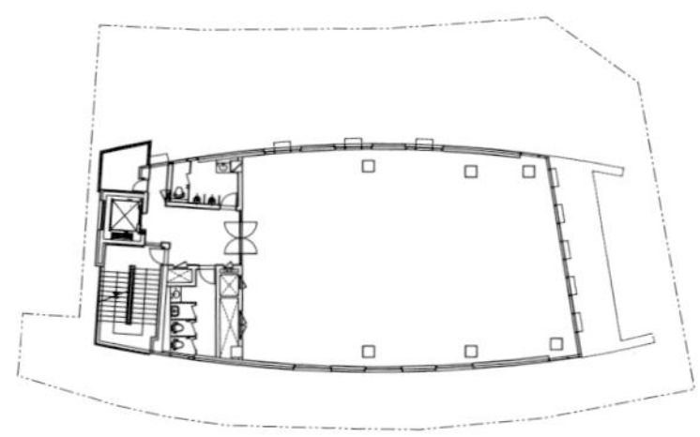

4층평면도

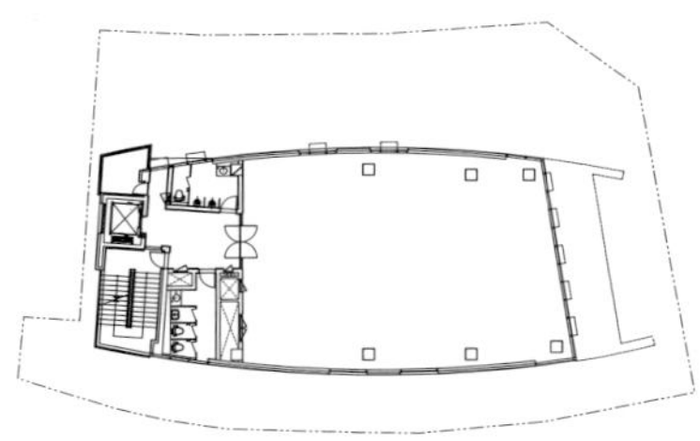

3층평면도

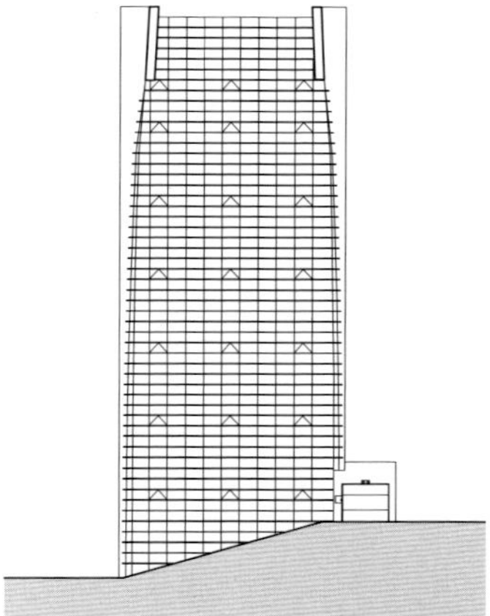

북측면도

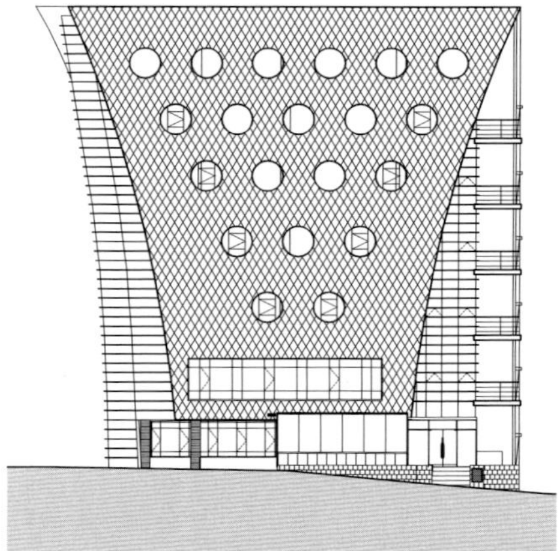

서측면도

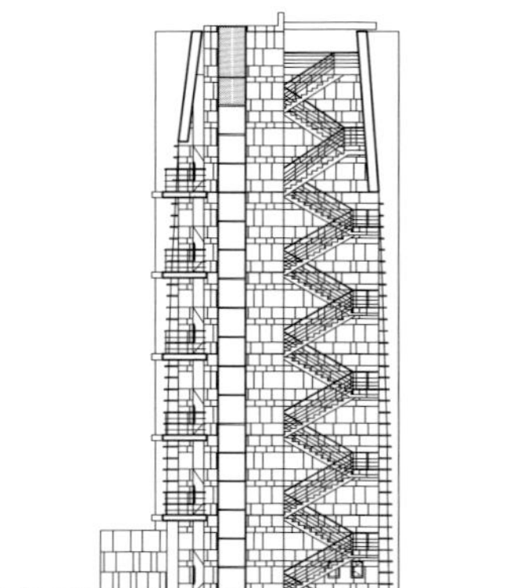

남측면도

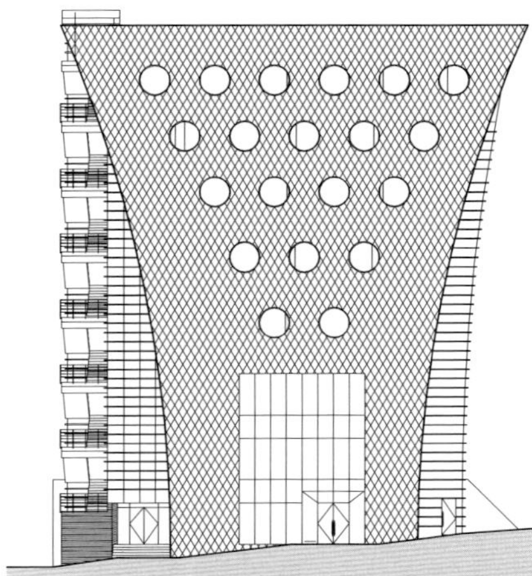

동측면도

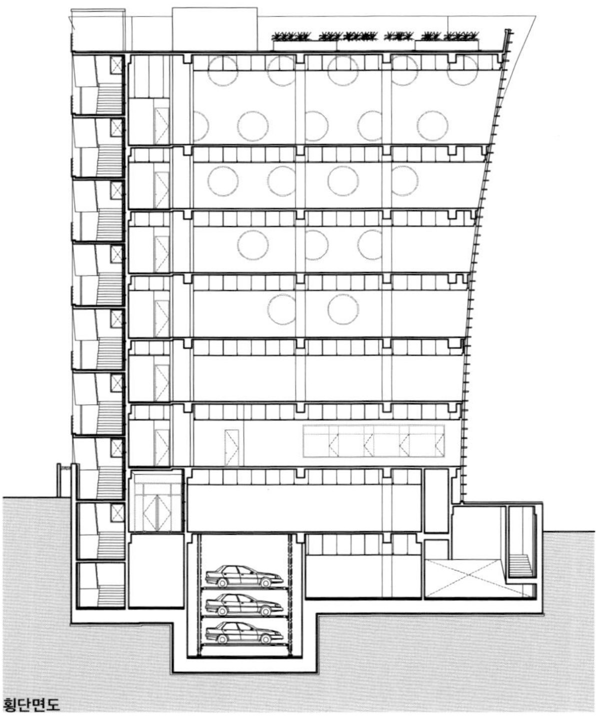

횡단면도

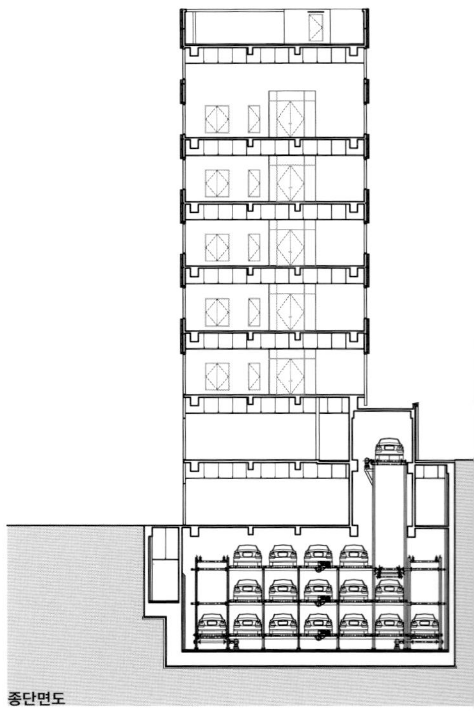

종단면도

1

1 입면 디테일
2 계단에서 바라본 이대와 연세의료원 전경
3 전면이 열려진 외부계단

2

3

각당 복지재단

Gakdang Social Welfare Foundation(GSWF)

이 건물은 전층 근린생활시설이지만 특정한 주체가 사용하는 업무 및 행사공간이다. 지하 강당과 1층을 사용하는 각당복지재단은 인류애를 바탕으로 죽음을 앞둔 사람들에게 정신적 위로와 차분히 죽음을 준비하고 주변을 정리할 수 있도록 도와주며 희망과 용기를 주는 활동을 하고자 설립된 재단이다. 평소 건강할 때에 삶과 죽음을 생각하며 웰다잉(well-dying)이 이루어지도록 연구하고 다양한 분야의 자원봉사자를 육성하여 봉사하는 자원봉사단체이다. 현재 이사장 주택의 부지 일부를 재단에 출연하여 건립하게 된 회관은 봉사자들의 업무공간, 회의실과 각종 교육을 위한 강당 등 단순한 프로그램으로 구성되어 있다. 평소에는 5-6명의 직원만 일하지만 행사 때에는 약 100여명에 가까운 인원이 모이게 되므로 넓은 강당 및 이와 연계된 외부공간 등이 필요하였다. 2층에는 다른 업체의 사무실이 입주하게 되었다.

9개의 레벨

연면적 150평의 건물은 전면도로, 후면도로가 모두 경사가 있어 복잡한 함수관계를 맺고 있다. 또한 반지하로 계획된 강당의 상부는 개인주택의 마당과 재단의 옥외공간으로 활용되므로 이에 대한 고려도 필요하였다. 주출입구의 레벨에서 강당으로 내려가면서 차고와 화장실로 통하는 두 개의 레벨을 만난다. 뒤로 돌아서 가면 대기실의 레벨로 더 내려가고 마지막 펌프실에 가서 지하레벨이 끝나게 된다. 주출입구에서 반층 올라가면 1층 사무실층이며 외부로 나가는 우측의 내력벽을 이용하여 계단은 우측으로 돌아야만 2층으로 통하는 계단이 나온다. 어것은 2층의 면적을 최대한 확보하며 강당의 상부를 이용하고자 함이였다. 2층에서 옥상으로 올가가기 위하여서는 외부로 나와 캔틸레버로 된 데크와 외부계단을 통하여 오르게 된다. 이 외부계단은 캐노피 공간을 형성하여 훌륭한 외부휴식공간으로 역할 한다.

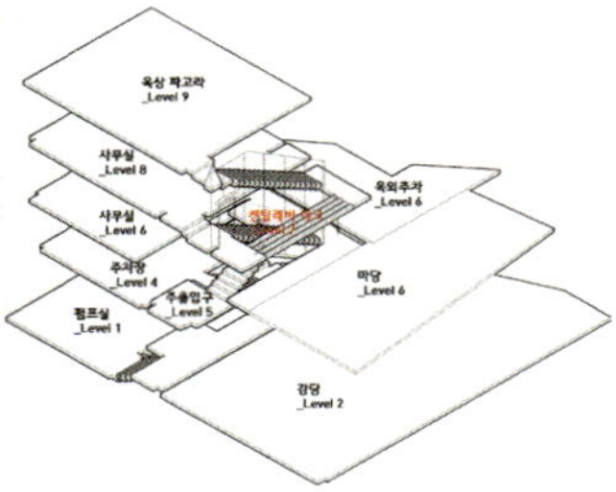

천창

후면의 마당에 작은 천창을 두어 지하 강당의 입구와 반지하나 다름 없는 1층사무실의 뒷 공간에 빛을 도입하였고 이는 삶과 죽음을 생각하는 재단에 종교적 의미를 부여한다. 주 출입구에서 강당을 들어가며 천장으로 인하여 극적인 공간을 만나게 된다.

캔틸레버

2층에서 옥상으로 올라가는 계단은 1층에서 2층으로 올라가는 계단과 수직적으로 같은 위치에 있지 않다. 계단은 내력벽에 캔틸레버로 해결하였지만 이를 연결하는 수평데크는 접합부위가 짧은 슬라브를 약 3m이상 돌출시켜 캔틸레버로 처리하였고 자중을 가볍게 하기 위하여 중간은 철골조를 이어 붙어 콘크리트 교각+철골보와 같은 개념의 재료조합을 사용하였다.

재료: 징크와 파벽돌

죽음을 생각하는 모임의 이미지는 무겁지만 이 재단은 죽음을 미리 준비하여 편안한 최후를 맞이할 수 있도록 도와주는 재단이다. 그러므로 이 재단의 목적에 맞게 따뜻하고 아름다운 파벽돌을 주로 사용하였고 지붕에는 징크, 지하층 외벽에는 노출콘크리트를 사용하였다. 이 재단은 이사장님의 주택에서 늘 바라보게 되므로 주택에서의 풍경도 고려하여 재료를 결정하였다.

• 209

대지위치	서울시 종로구 신문로 2가 1-120
지역지구	2종 일반지구지역
용도	근린생활시설
대지면적	324.40㎡
건축면적	139.60㎡
연면적	480.20㎡
건폐율	43.03%
용적율	65.38%
규모	지하2층/ 지상3층
높이	12.80m
구조	철근콘크리트조

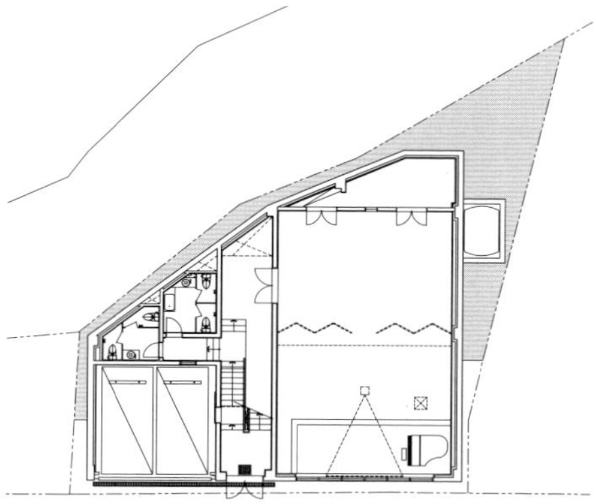

지하1층평면도

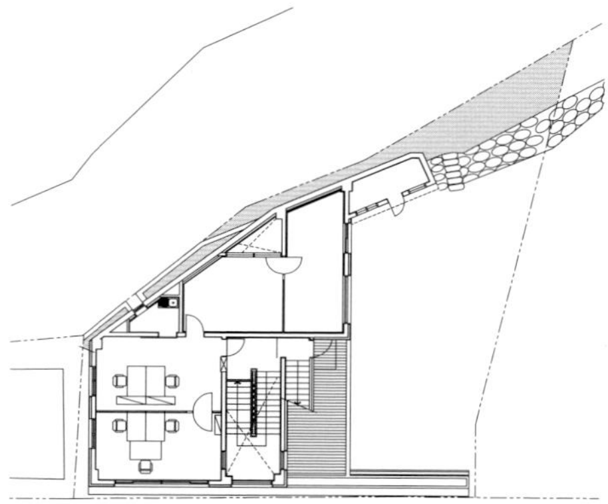

1층평면도

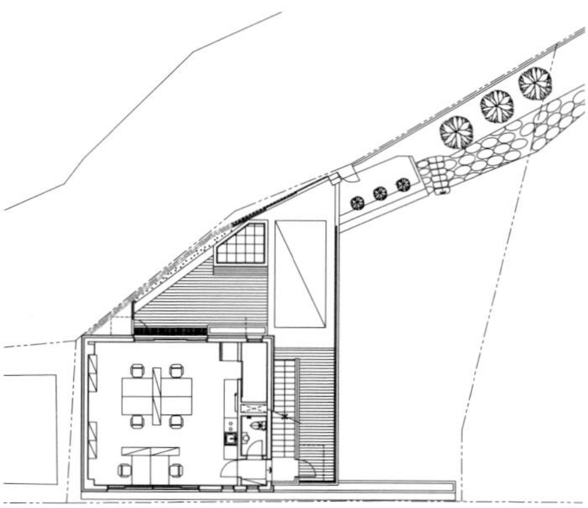

2층평면도

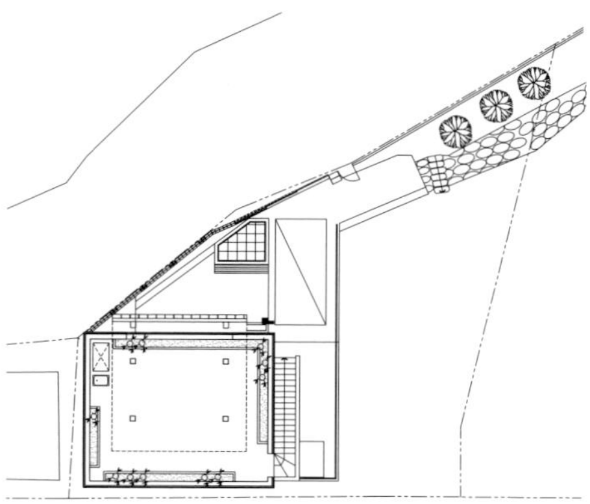

3층평면도

Heungkuk

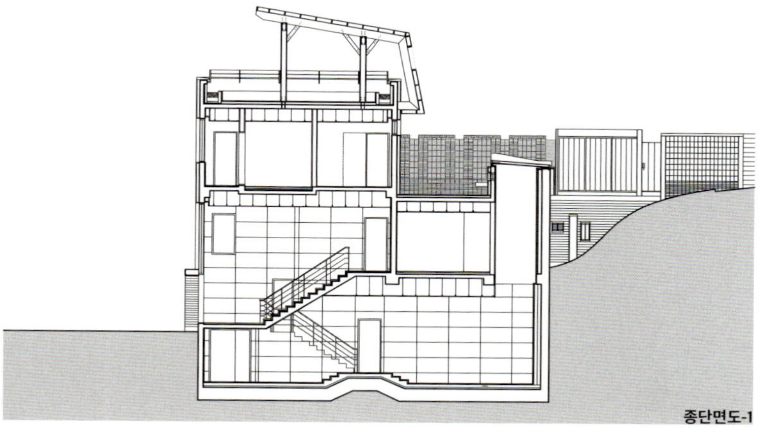

종단면도-1

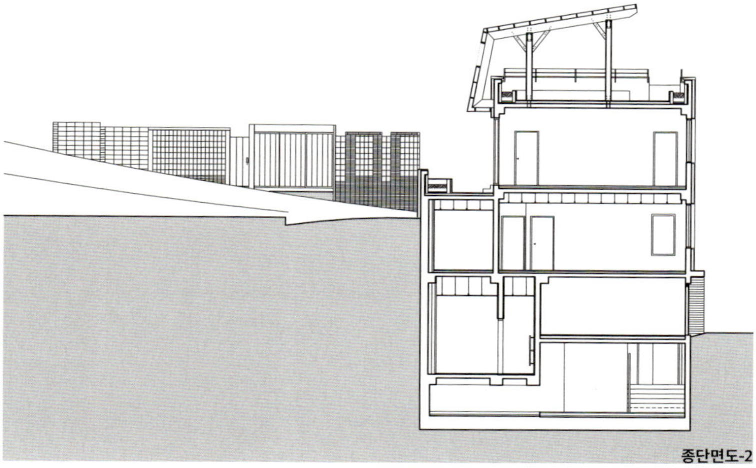

종단면도-2

1

1 지붕의 파골라 및 휴게공간
2 휴게공간 전경
3 켄틸레버로 형성된 외부 데크
4 계단으로 간섭된 캔틸레버 데크

2

3

4

1

1 남측 입면과 천창
2 지하1층 내부 홀
3 마당하부에 위치한 강당

2

3

SOLAZ

솔라즈 빌딩

Solaz Building

대지

독특한 홍대문화를 형성하는 클럽들이 영향을 미치는 영역과는 달리 유흥시설이 즐비한 서교호텔 이면도로는 정체성이 혼재한 곳이다. 건물들은 스케일 편차가 크고 용도는 근린생활시설과 예식장이 대부분이며 서교호텔 부속 철골 주차장이 거리의 풍경을 지배하고 있어 차갑고 거친 느낌을 주고 있다. 대지의 뒤편은 3m의 고저차가 있으며 전면의 폭보다 측면의 길이가 상대적으로 길다. 대지의 접도길이가 짧으나 좌측건물 사이로 공지가 있어 도로에서 조망이 가능하다.

개념

대지의 길이가 길어 전면도로의 동선을 어떻게 대지 전체로 연장할 것인가가 중요한 이슈였다. 전면도로에서 2층과 3층으로의 접근성을 높이기 위하여 계단을 외부로 노출시켰다. 계단을 공간화하기 위하여 가벽을 두되 계단을 오르내리는 사람을 전면도로에서 관찰이 가능하도록 계단에서 분리하여 가벽과 계단사이에 '틈새'를 두었다. 틈새를 위하여 가벽은 수직이 아닌 수평부재로 지지되며 일부는 3층의 돌출 삼각캔틸레버 박스로 지지된다. 외부로 열린 계단은 길의 연장이며 도시와의 연결고리이다. 계단을 공간화하기 위한 장치로서 4층과 3층의 캔틸레버 박스를 계획하고 박스 안에서 계단과 전면도로가 조망이 가능하도록 하였다. 이러한 일련의 작업은 계단을 오르내리는 사람을 가장 중요한 풍경으로 정의하는 것이다. 3층에서 6층에 이르는 계단은 일반적인 계단을 두고 승강기를 인접배치하여 1층 후면의 부출입구와 통하도록 하였다.

건폐율이 50%인 이 대지는 상대적으로 공지가 많다. 장방형 평면으로 배치하면 후면에 공지가 많아지므로 대지의 활용도가 낮아진다. 주변 건물은 노후하여 좋은 풍경을 제공하고 있지 못하다. 이러한 점을 고려하여 내부에 중정을 배치하여 공지를 내부에 배치하여 건물 전체를 통합하는 공간이 되도록 의도하였다. 모든 층에서 대부분의 채광은 중정을 통하여 이루어지며 전면도로로의 개구부는 최소화하였다. 전면도로 eye-level에서는

대지위치	서울시 마포구 서교동 355-3
지역지구	3종 일반주거지역
용도	근린생활시설
대지면적	531.00㎡
건축면적	264.06㎡
연면적	1,137.62㎡
건폐율	49.73%
용적율	207.15%
규모	지하1층/ 지상6층
높이	22.95m
구조	철근콘크리트조

중정이 두 개의 유리벽을 통해서 관찰이 가능한데 개방감을 확보하기 위하여 중앙의 기둥을 모두 transfer하여 column-free 계획을 하였다.

건물은 중정으로 인하여 두 개의 매스로 분리되며 남측 입면에는 ㄷ자 띠창이 들어간다. 매스의 코너부분에 기둥이 배치되는 것을 피하고자 건물 좌측에 있는 기둥을 약 10도 기울여서 파노라믹 창을 계획하였다.

솔라즈빌딩은 불특정 다수를 위한 복합임대건물이다. 최상층은 건축주의 사무실이며 나머지 층은 용도가 정하여지지 않았다. 대개 임대용 건물은 추후 요란한 간판과 의도되지 않은 재료로 변질되기 쉽다. 이것을 방지하기 위하여 최대한 중성적인 재료를 사용하였다. 노출콘크리트와 타공판을 조합하되 타공패턴을 나뭇가지형상으로 디자인하여 자연스러운 라인을 강조하였고 타공판의 배면에 조명을 배치하였다. 계단을 감싸는 가벽은 폴리카보네이트로서 야간에는 배면부에서 조명이 비추어 '틈새'를 강조한다.

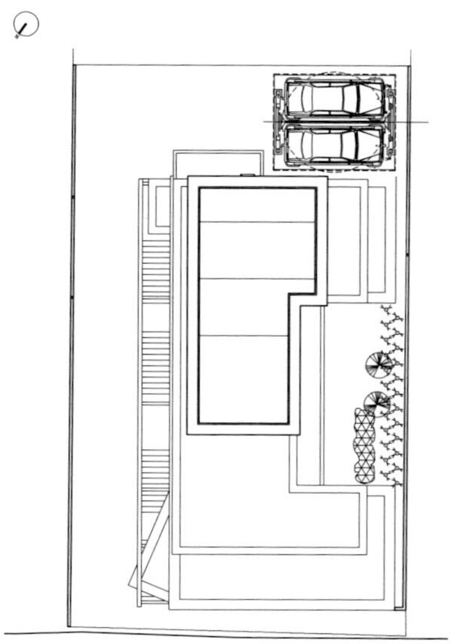

배치도

5층과 6층은 도로사선제한으로 매스가 set-back 하면서 자연스럽게 테라스가 형성되었으며 6층은 징크, 5층은 노출콘크리트로 계획하여 저층부의 타공판과 분리된 매스에 따라 각각 다른 재료를 사용하였다.

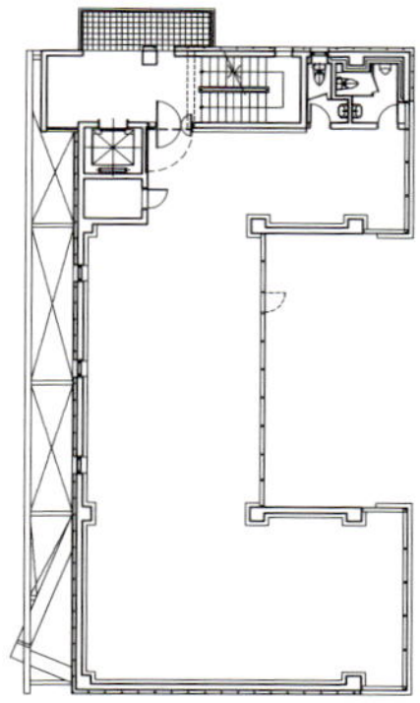

4층평면도

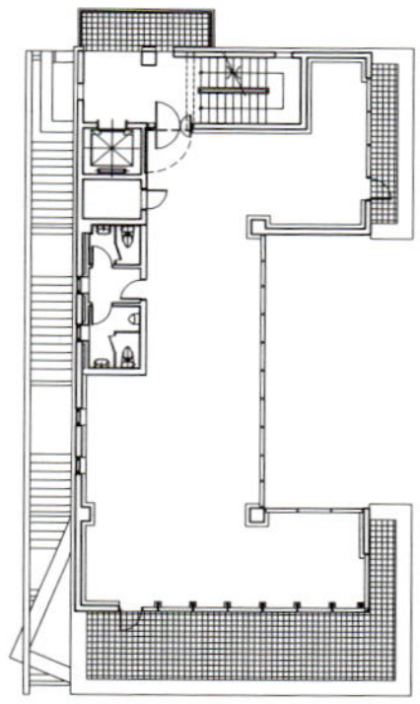

5층평면도

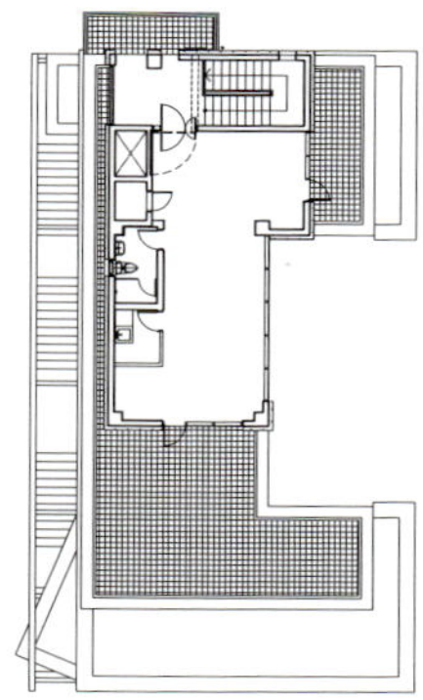

6층평면도

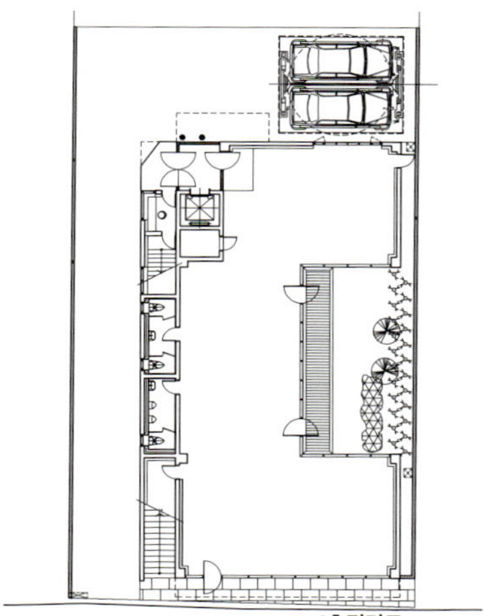

1층평면도

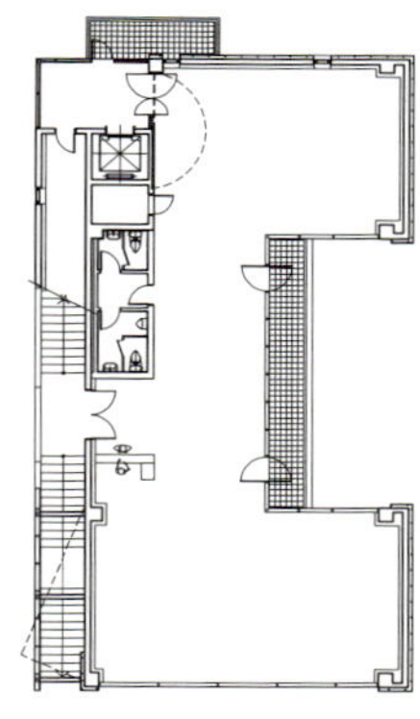

2층평면도

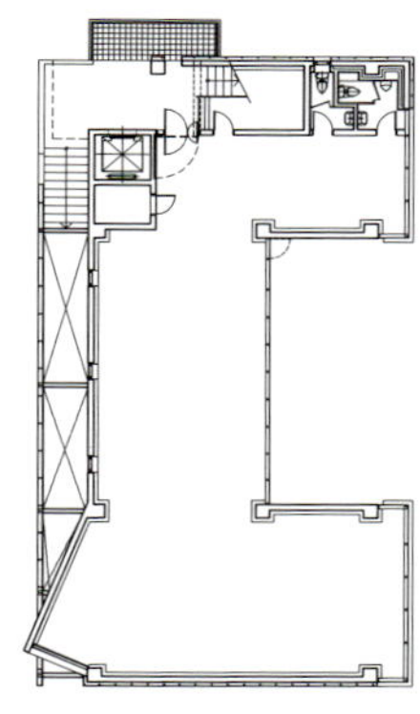

3층평면도

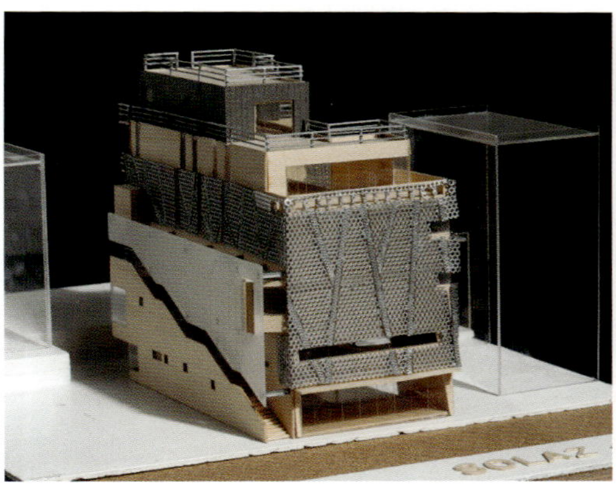

SOLAZ

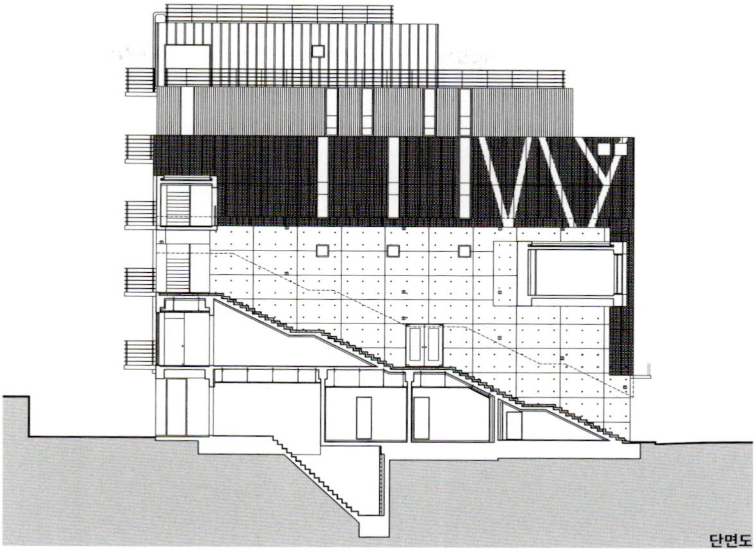

단면도

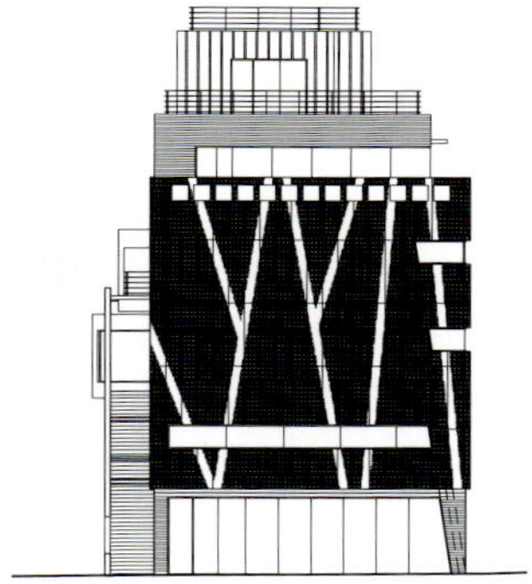

정면도

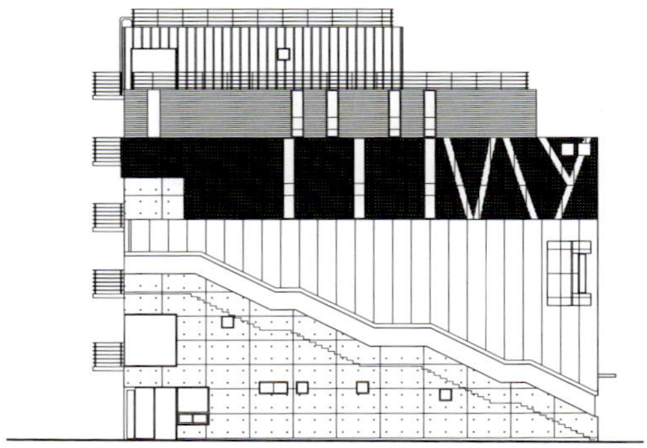

좌측면도

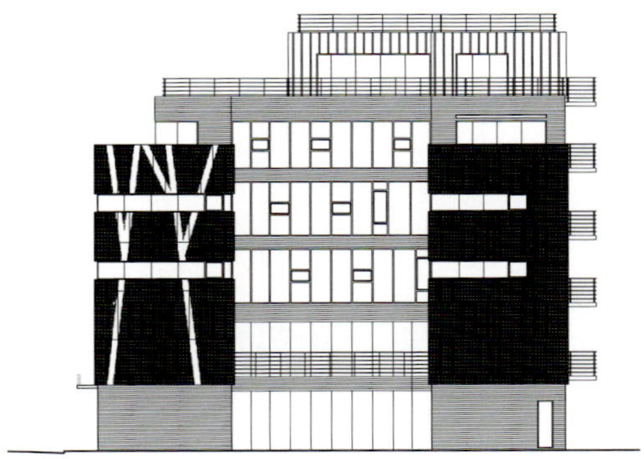

우측면도

1

1 서교호텔에서 본 전경
2 외부계단과 가벽
3 가벽의 야경
4 외부계단입구
5 가벽을 받치고 있는 철골

2

3

4

5

CLIO

클리오 사옥

CLIO Office

지인으로 소개받은 CLIO 대표는 몇 개 되지 않은 나의 건축작품을 보고 화려하고 꾸밈이 없다고 나를 설계자로 채택하였다. 당시 일반주거지역의 종 세분화를 하기 전에 허가를 받아 용적율 300%를 적용할 수 있었고 허가를 위하여 다른 건축가와 진행을 하였지만 디자인이 마음에 들지 않아 타절하고 설계를 새로 시작하게 된 것이다.

대지는 압구정동CGV에 남측에 위치한 대지로서 2층짜리 구옥이 서 있었다. 근생의 3대 주적인 도로사선, 일조권 사선, 최대용적율을 오롯이 전부 적용하여야 하는 조건이었다.

CLIO는 색조화장품 전문회사로서 각종 제품을 기획하여 유럽에서 주문생산하여 판매하는 독특한 회사이다. 당연히 회사의 99%는 여성이 직원이다. 지하2층에는 재고품을 관리하는 창고, 지하1층은 주차장, 1~3층은 임대공간, 4~5층은 클리오 사무실, 6층은 행사를 위한 다목적 이벤트 공간으로 기획하였다.

작업을 구상하던 중 CLIO가 주최하는 전시회를 감상하게 되었다. CLIO는 문화사업의 일환으로 아티스트를 후원하여 화장을 주제로 정기 전시회를 개최하는데 그 전시회에서 한 작가의 주제설명 중 '화장은 그날그날 마음의 날씨이다' 라는 문구를 접하게 되었다. 화장하는 사람의 마음과 기분에 따라 화장이 변한다는 것이다. 화장은 매일 변하는 것이지만 건물을 그럴 수가 없기 때문에 화장의 바탕이 되는 얼굴을 모티브로 삼았고 창문 하부에 LED조명을 설치하여 날마다 변하는 화장을 조명의 색이 아주 천천히 변하도록 하여 표현하였다.

CLIO
44
ADT

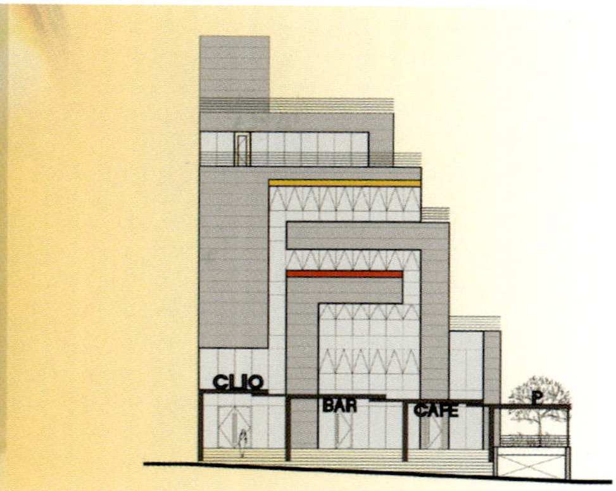

건축의 형태는 도로사선과 일조권 사선으로 자연스럽게 계단식으로 정하여 졌다. 이 꺾여진 계단식 매스에 눈 코 입을 ㄱ자, ㄴ자, ㅡ자로 나타내는 벽면을 조합하여 입면을 구성하였다. 1층 홀은 CLIO의 아이덴티티를 주기 위하여 2개층으로 계획하였고 홀의 상부는 사무실로 채워서 실용적으로 구성하였다. 주차장으로의 경사를 확보하기 위하여 건물이 도로에서 후퇴하게 되었는데 인지도를 높이기 위하여 입구에 콘크리트로 구조물을 디자인 하게 되었다. 도로의 경사를 이용하여 3단으로 구성하고 주출입구와 1층의 출입구, 주차출입구를 공간적으로 분리하게 된다. 외부재료는 베이스판넬의 이면으로 사용하여 선을 강조하였고 나머지 부분은 소박하고 경제적인 재료를 택하여 냉방을 제외하고 평당300만원을 넘지 않도록 계획하였다. 2006년이라 가능한 일이었다. 색조화장품임에도 불구하고 수수하고 차분한 디자인을 받아들인 건축주의 생각이 지혜로웠다고 생각한다.

대지위치	서울시 강남구 신사동 598-5번지
지역지구	3종 일반지구지역
용도	근린생활시설
대지면적	401.20㎡
건축면적	239.29㎡
연면적	1,804.88㎡
건폐율	59.64%
용적율	288.22%
규모	지하2층/ 지상6층
구조	철근콘크리트조

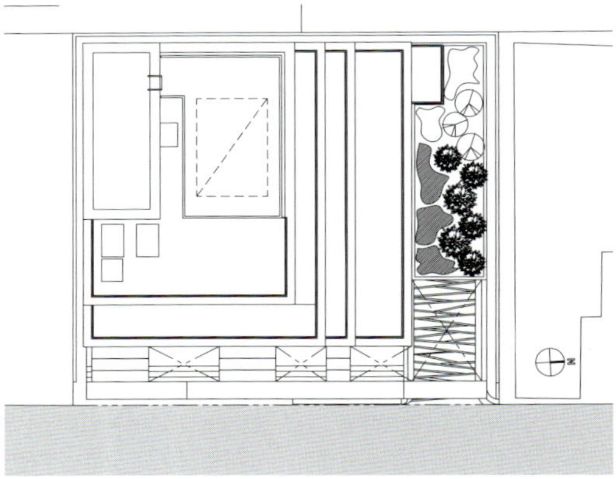

배치도

CLIO

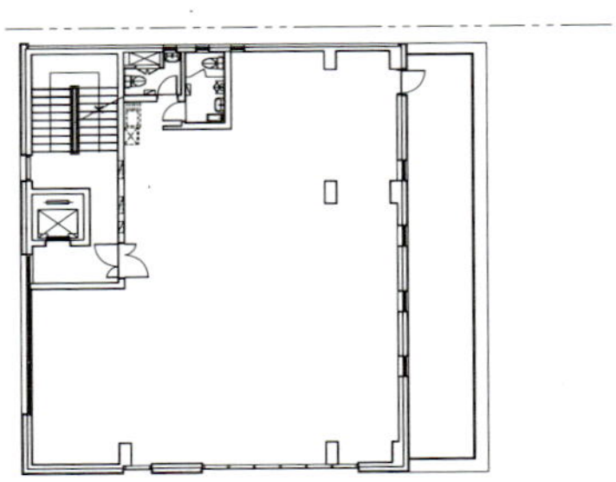

3층평면도

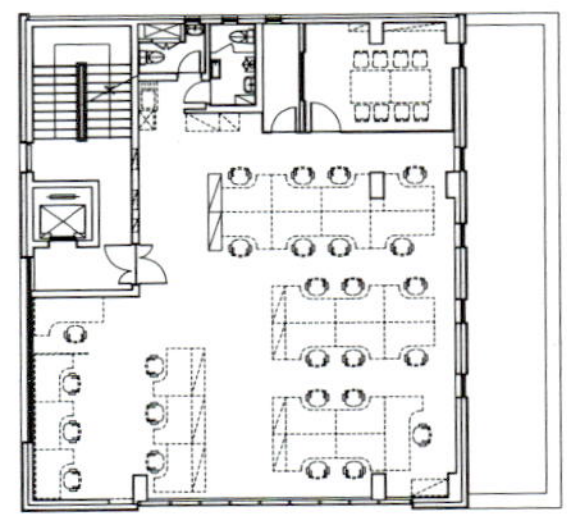

4층평면도

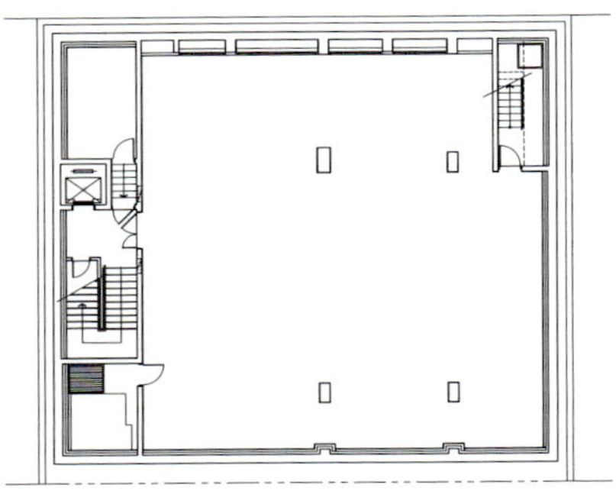

지하2층평면도

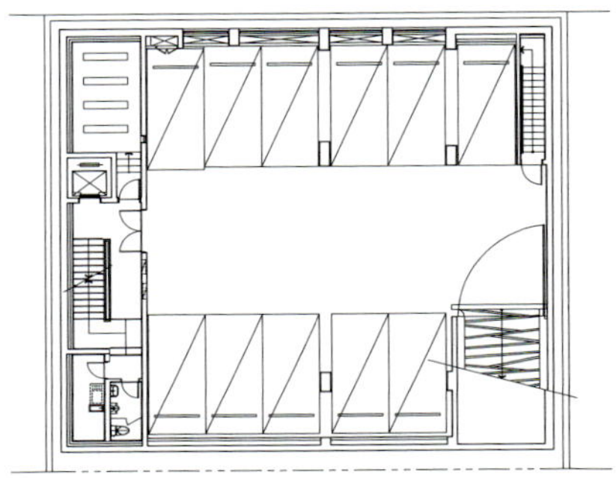

지하1층평면도

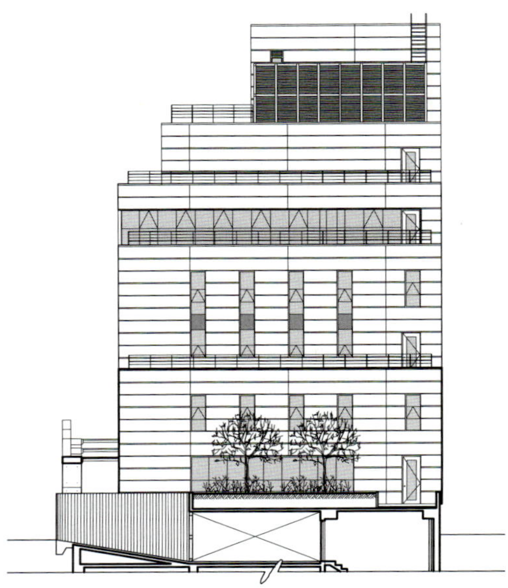

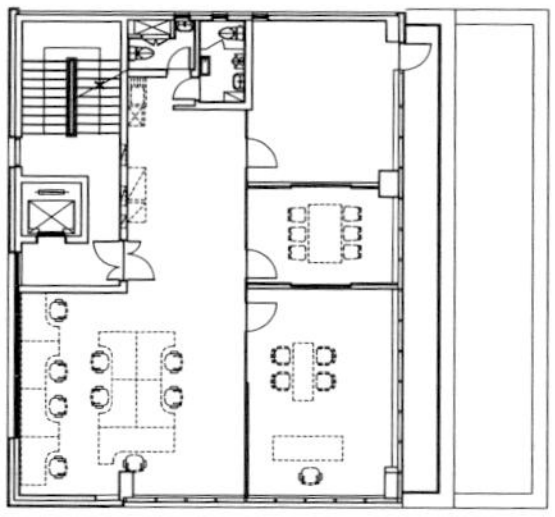

5층평면도

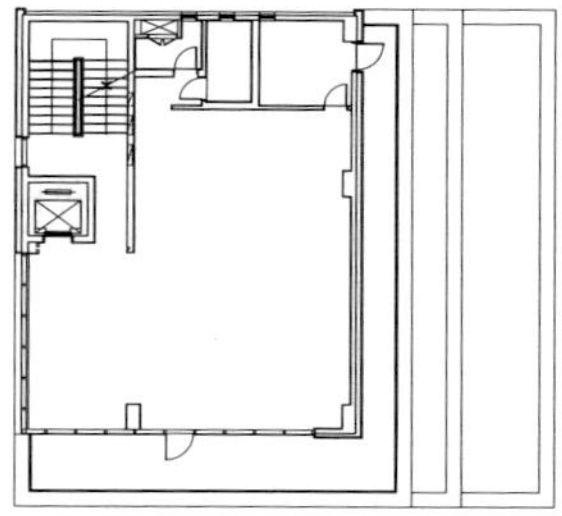

6층평면도

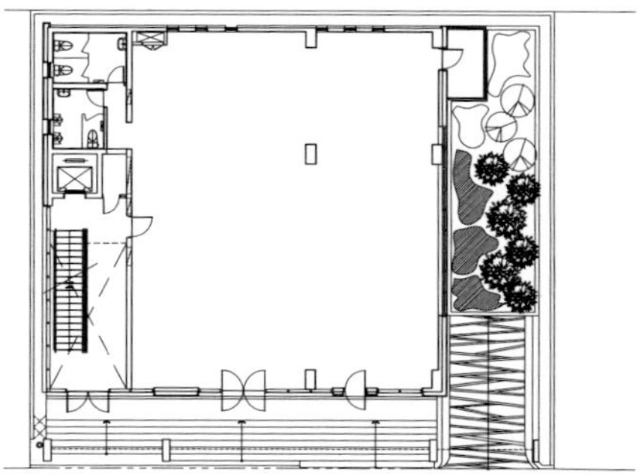

1층평면도

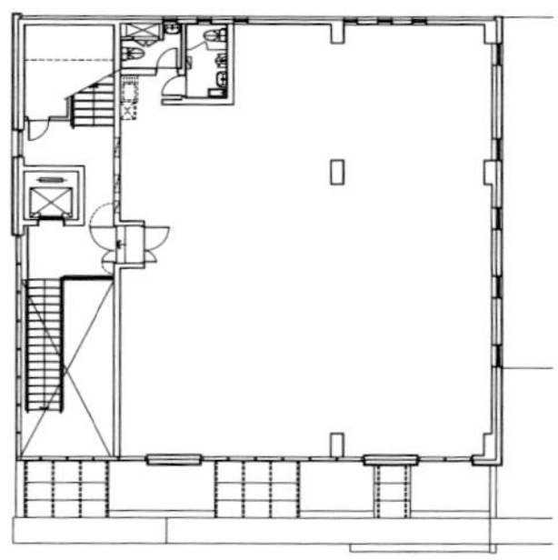

2층평면도

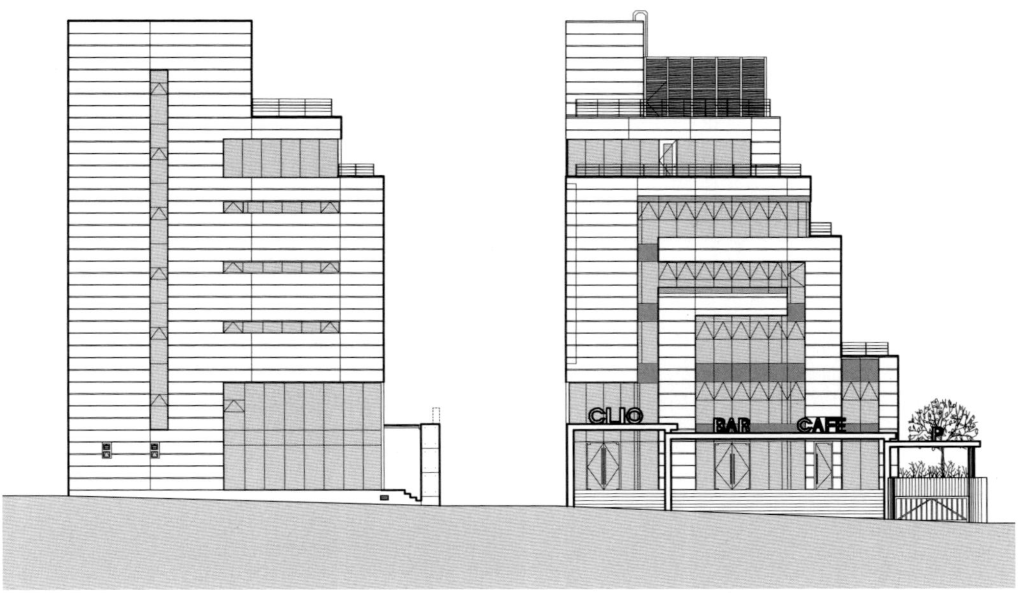

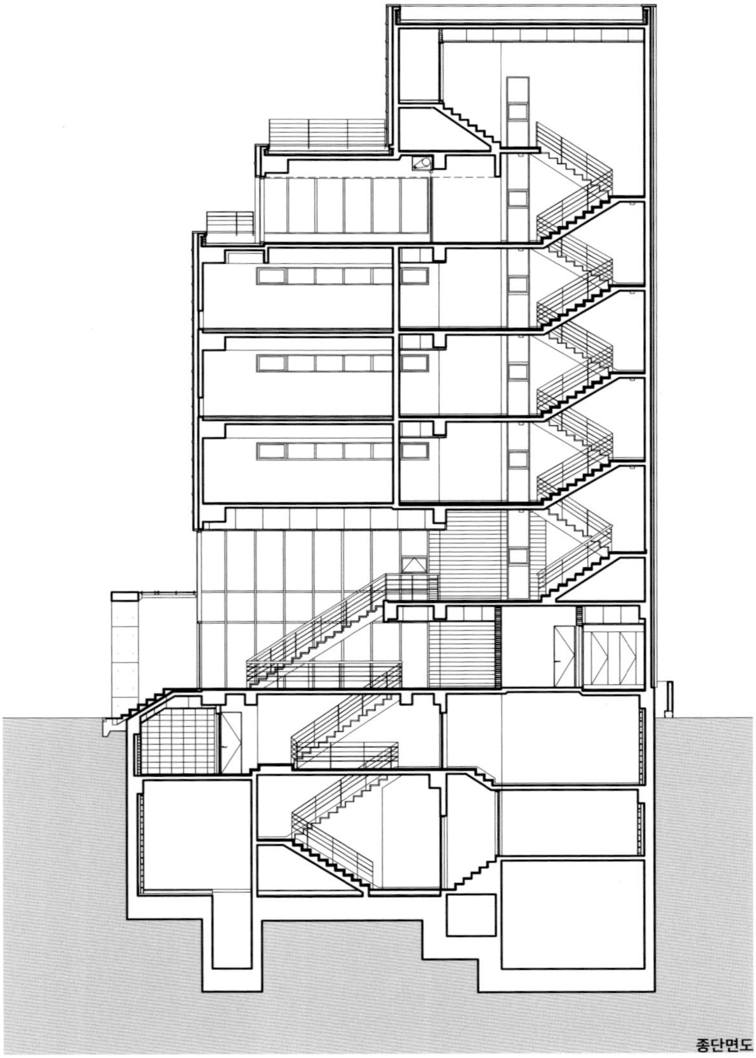

종단면도

Creativity Active Passion
Innovation Vision

CLIO

• 251

수빈 아카데미

Soobin Academy

클리오 사옥을 완성한 후 클리오 대표님과 친분이 있던 미용학원 원장님을 소개받게 되었다. 사이트도 클리오와 100여미터 떨어진 곳이었으므로 미용학원 원장님은 클리오의 건축과정을 잘 지켜보고 있었던 것이다.

대지는 압구정역 CGV건물 뒤편 소망교회와 마주보고 있으며 6m도로에 면하여 있다. 주변에는 연립주택과 근생건물이 채워져 있으며 경사가 없는 평이한 형상을 이루고 있다. 2종 일반주거지역으로서 주변 매스와 조화를 이루기 위하여 위압적이지 않으며 도로로 열려진 접근을 통하여 도시와 소통하는 제스쳐가 필요하였다.

건축가는 설계를 할 때 건물이 들어서는 장소와 건물을 채우는 프로그램에 주목하게 된다. 이 건물의 대부분이 사용할 수빈아카데미는 현재 압구정CGV건물에서 메이크업, 헤어, 코디, 의상 등을 교육하는 미용전문학원으로서 부산, 대구, 광주 등에 분점을 운영하고 있다. 학원에는 20대 초반의 젊은이들이 수업시간을 통하여 자신의 작품을 완성하고 평가 받으며 졸업 시에는 졸업작품전을 겸한 show를 함으로써 과정을 마치게 된다. 학원 내부에서 일어나고 있는 행위가 창의성을 요구하고 메이크업이라고 하는 전문분야를 다루는 곳이어서 건축가로서 많은 흥미를 가지고 접근하였다.

지하2층은 행사장으로 졸업작품전을 비롯한 show를 위한 공간이며, 지하1층은 주차장, 2~4층은 각 분과별 교실로 계획되었고 1층은 순수한 임대공간으로 계획되었다.
도시와 건축의 접점을 완화하기 위하여 계단을 외부로 계획하였다. 이 건물의 사용자는 대부분 여성이며 그들은 계단을 잘 사용하지 않는다. 따라서 이 계단을 화장처럼 건축적 장식으로서 작용하도록 하였다.

대지위치	서울시 강남구 신사동 625-12
지역지구	2종 일반지구지역, 도시지역
용도	근린생활시설, 교육연구시설
대지면적	343.80㎡
건축면적	206.10㎡
연면적	1,073.07㎡
건폐율	59.95%
용적율	198.92%
규모	지하2층/ 지상4층
구조	철근콘크리트조

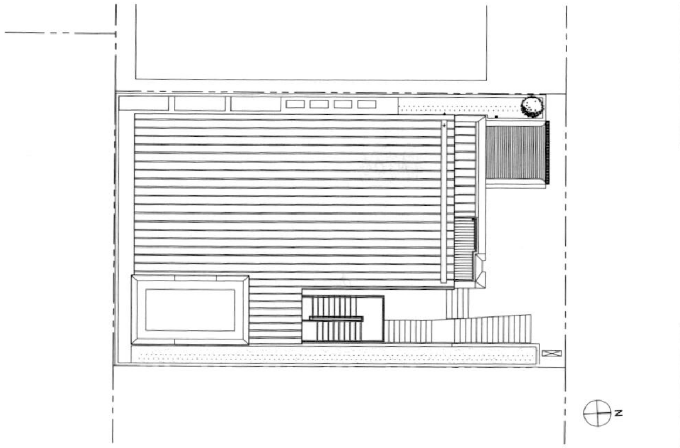

배치도

이 건물의 개념은 클리오 사옥과 마찬가지로 사람의 얼굴이다. 1층은 주차공간을 위하여 4층은 학원생들의 휴게공간을 제공하기 위하여 후퇴하여 계획되었고 재료와 형태를 적절히 배분하여 사람의 얼굴을 유추할 수 있도록 디자인하였다. 그래서 저층부는 유리로, 중층부는 전벽돌과 칼라유리블럭을 혼합하여 사용하였고 4층의 고층부는 금속으로 각각 분리하였다. 전벽돌은 미장마감에 돌출되게 하여 선적인 요소를 강조하였고 측면에는 간격을 달리하여 아카데믹한 순수성을 표현하고자 하였다. 전벽돌의 무게감을 우선시하되 잘 드러나지 않는 칼라블럭을 사용하여 요란하지 않은 액센트를 메이크업으로 은유하였다.

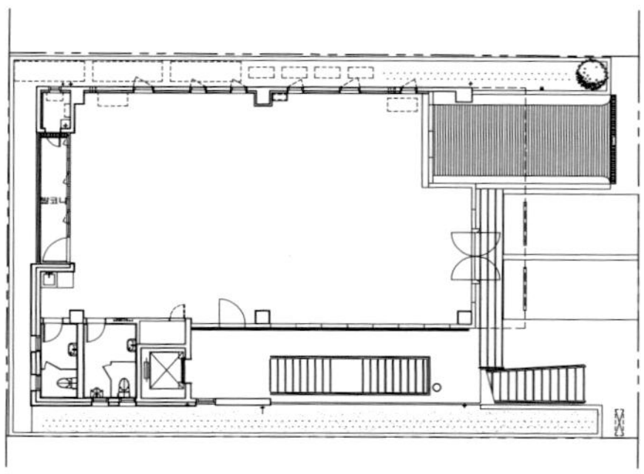

1층평면도

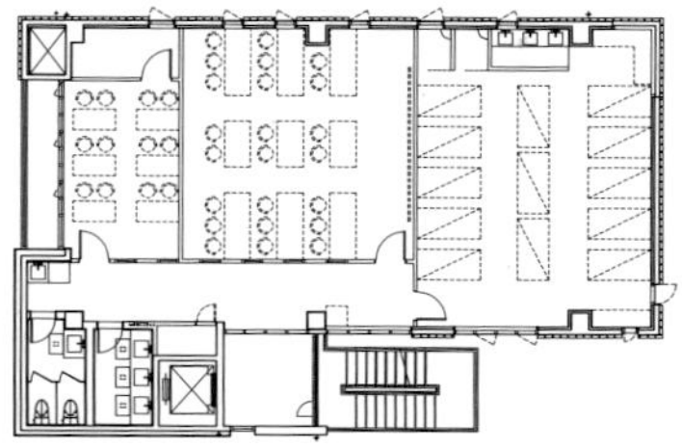

4층평면도

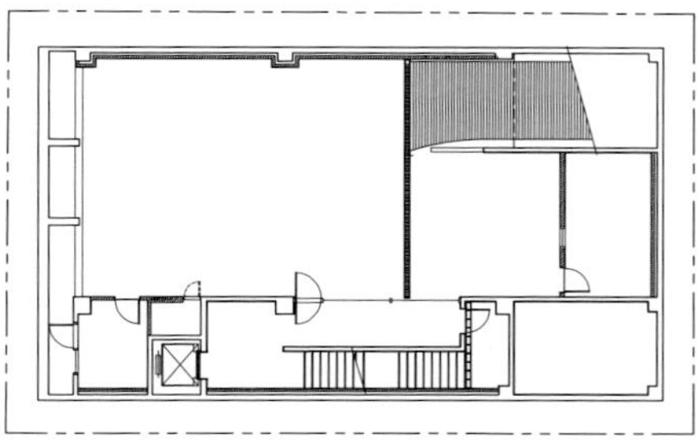

지하1층평면도

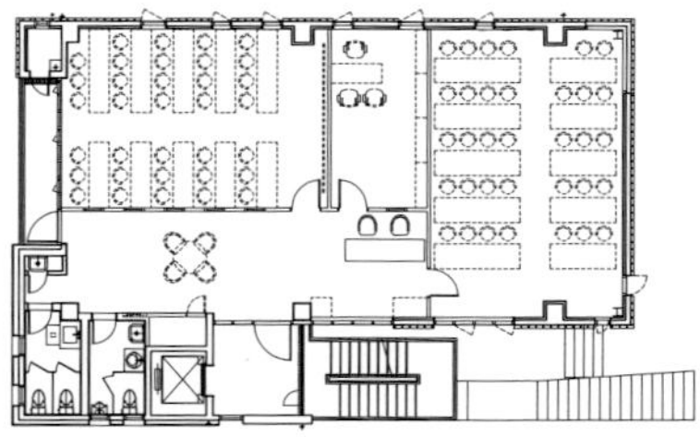

3층평면도

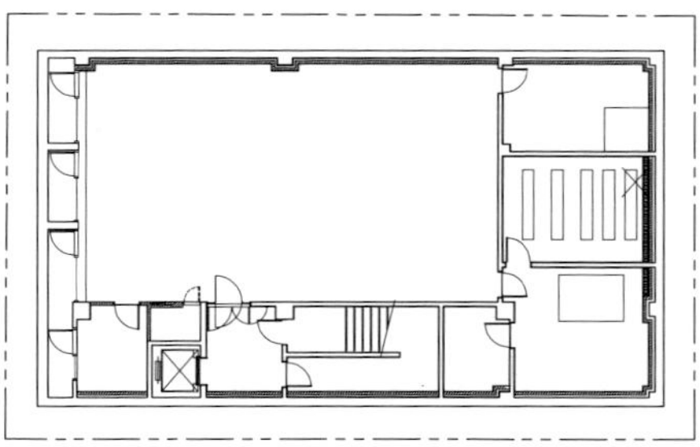

지하2층평면도

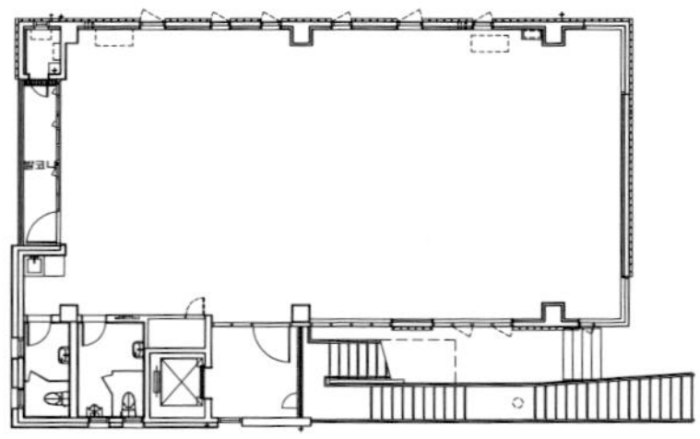

2층평면도

1

1 좌측면 입면 상세
2 정면에서 바라본 계단상세

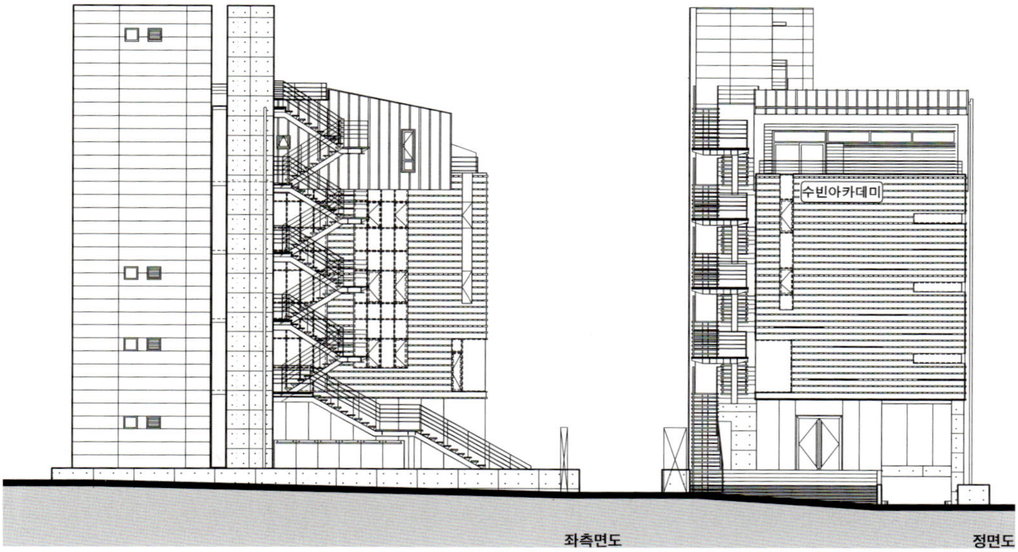

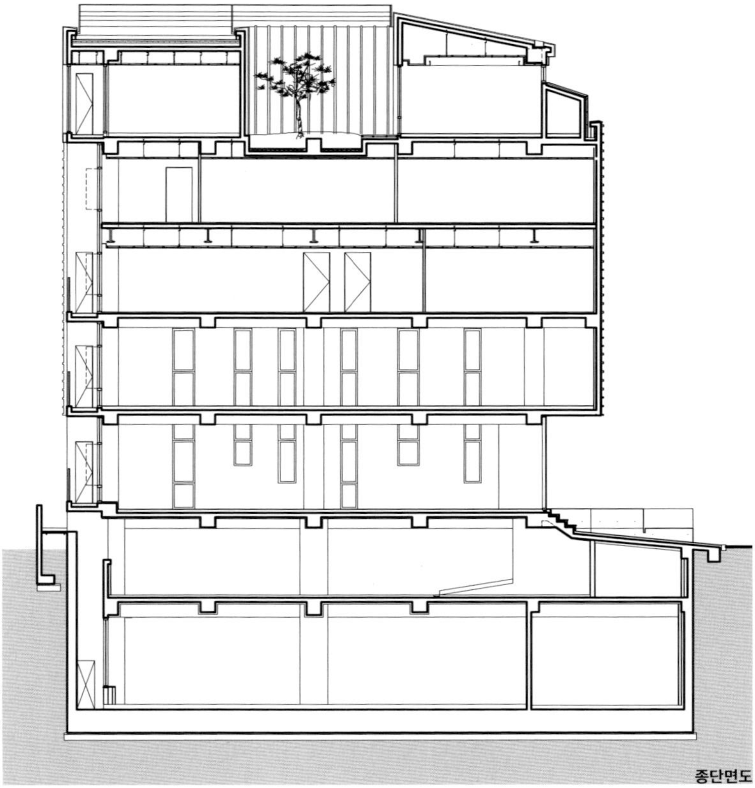

종단면도

1

1 계단과 발코니를 올려다본 모습
2 떠있는 철골계단
3 지하2층 쇼룸

1 내부 전경
2 전벽돌과 칼라유리블럭을 사용한 전면

1

2

정승권

홍익대학교 건축학과를 졸업하고 아르키움에 입사하여 실무를 시작하였으며, 현재 아르키움의 소장이며 파트너 건축가이다. 중앙대학교 건축학과에 출강했으며, 현재 홍익대학교 건축학과에서 강의하고 있다. 서울시건축상 등을 수상하였으며, 주요작업으로는 quarto, mesotron, reflex- 대신동 복합건물, oblique, 성수동주택, invoid, revoid- 성북동주택, 헤이리주택- caramel&candy, zoazoa 조선희 사진스튜디오, 웅진씽크빅, 어반하이브, lacustrin- 호수로 가는집, 주니어유스튜디오, corridor- 양평주택, germania, slope 등이 있다.

주니어 유 스튜디오

Junior U Studio

건축주는 주니어를 위주로 하는 스튜디오를 새롭게 구상하면서 독창적인 건물을 원했다. 자연채광을 활용한 촬영을 많이 하기 때문에 빛에 대한 고려가 우선되어야 했고, 각 층별로 사진 작업의 배경이 될 수 있는 외부공간이 필요했다. 제한된 법규의 한도내에서 최대한의 연면적을 확보해야 하는 것은 물론이고, 빠르게 변해가는 도시에서 변화에 발빠르게 대응할 수 있는 공간적 융통성도 요구됐다. 최소한의 코어로 기능을 해결하고, 가변적인 기능을 반영해야 했으며 필요로 하는 면적과 프로그램들을 고려하여 공간적으로 풍부한 오픈 스페이스를 만드는 것은 쉽지 않은 상황이다.

스튜디오와 아이를 번갈아 생각하다가, 카메라의 구조와 레고 블럭에서 힌트를 얻었다. 카메라의 기능들을 은유적으로 적용하여 내외부의 공간을 구성하고, 그것의 형태적인 이미지는 레고 블럭같이 아이들에게 친근감을 줄 수 있는 모양을 떠올렸다. 우선 주어진 피사체를 담을 수 있는 단순한 상자를 만들었다. 그것은 스튜디오의 기능을 담는 가장 기본적이고 단순한 형태이기도 하다. 일조권이나 도로의 사선제한을 의식해 상자를 둘로 나눈 후 북쪽의 상자는 땅에 내려놓고 다른 하나는 들어올린다. 각각의 상자 사이에는 투명한 유리상자를 끼워넣는데, 그것은 외부적으로는 각각의 상자를 분리하는 역할을 하고 내부적으로는 상자 속의 공간을 서로 연결하는 기능을 한다.

지면과 맞닿아 있는 상자의 전면 한쪽으로 건물의 주진입이 이루어지며, 들어 올려진 상자의 하부에 끼운 투명한 유리상자를 통해 스튜디오 내부의 풍경을 외부에 보여주기도 한다. 각각의 상자들은 내외부의 기능들을 반영하여 부분적으로 파내고 덜어내어 창문과 오픈 스페이스를 갖도록 한다. 그것은 전면도로에서의 주진입 현관과 주차장의 기능을 하고, 지하에서는 선큰 공간으로, 각 층에서는 발코니와 마당 등의 외부공간이 되기도 하며,

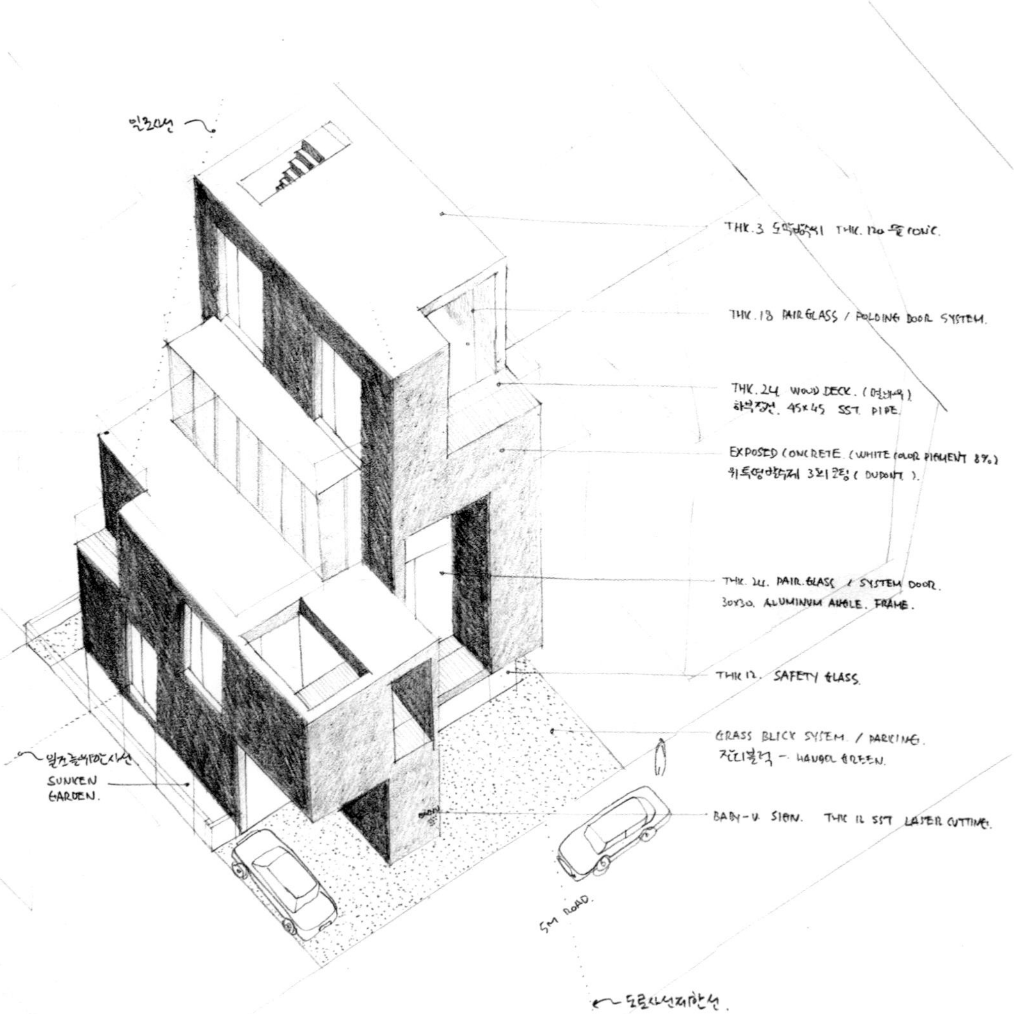

지붕들은 테라스나 옥상정원이 된다. 이러한 외부공간들은 빛을 받아들이는 기능 외에도 각 층에서 실내공간의 확장된 영역으로 사용되며, 사진작업을 할 때마다 다양한 공간을 연출하는 데 효과적으로 사용될 것이다.

상자의 외부는 따뜻하고 깨끗한 백색의 노출 콘크리트로 마감하고, 내부 또한 백색을 주조색으로 사용했다. 건축적 요소들은 스튜디오의 변화를 담을 수 있는 최소한의 배경으로만 존재하면 충분하기 때문이다.

건축가 정승권 (아르키움)
설계담당 위성미
대지위치 서울시 강남구 청담동 81-6번지
지역 제2종 일반주거지역, 도시지역
용도 근린생활시설
대지면적 274.9㎡
건축면적 157.51㎡
연면적 677.74㎡
건폐율 57.29%
용적률 171.04%
규모 / 층수 지하1층, 지상4층
주차대수 5대
구조 철근콘크리트
내부마감 바닥 _ 강화마루, 자동수평몰탈 에폭시코팅
벽 _ 노출콘크리트, 석고보드 2겹위 지정도장
천정 _ 노출콘크리트
외부마감 노출콘크리트
구조설계 ㈜승화구조
시공 ㈜QM건설
기계 ENG 에너지디자인연구소
전기 ㈜극동문화전기설계
사진 박영채

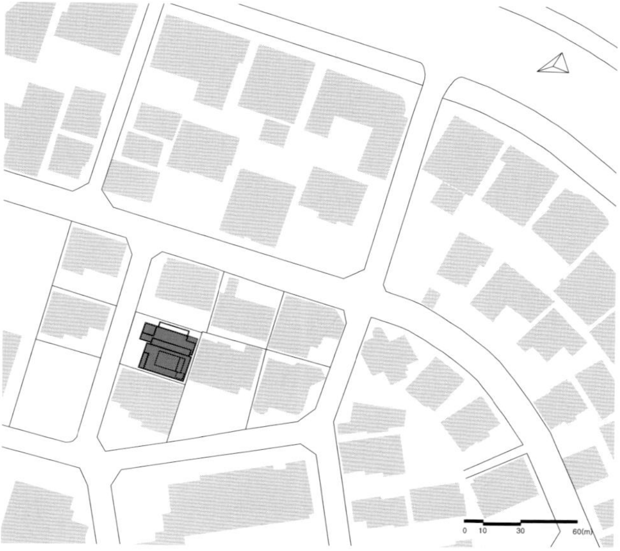

배치도

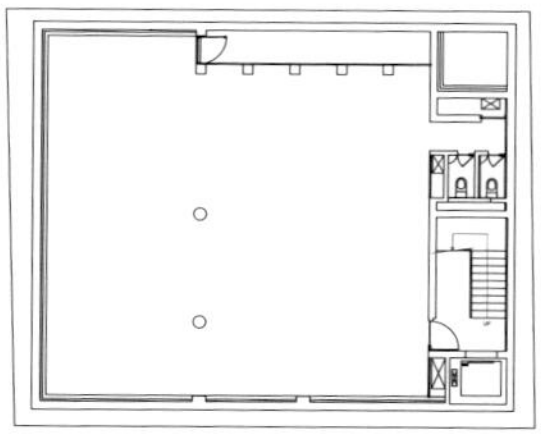

지하1층평면도

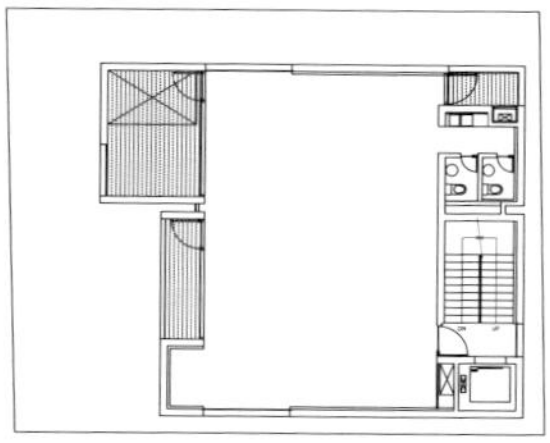

2층평면도

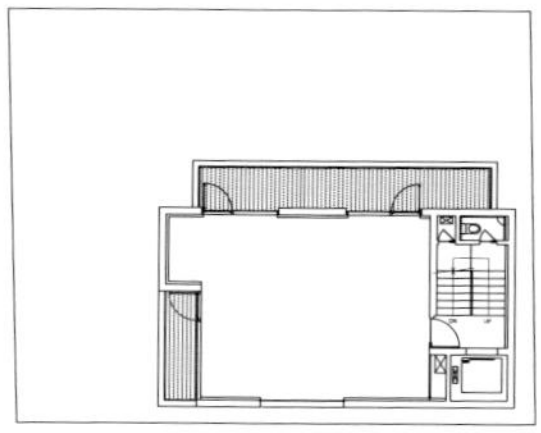

4층평면도

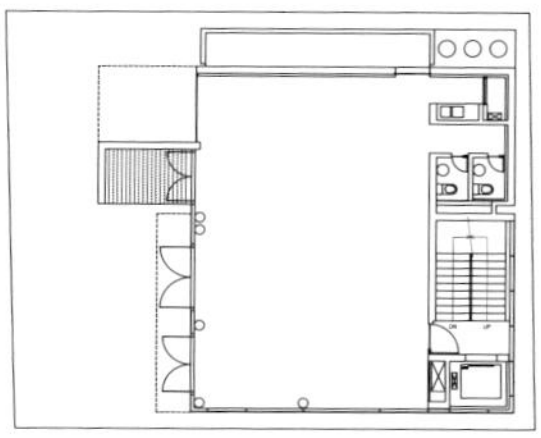

1층평면도

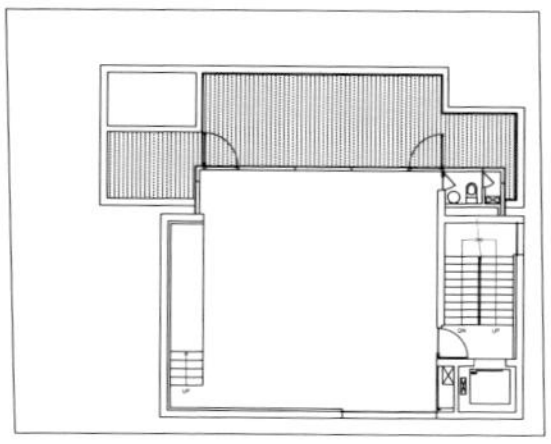

3층평면도

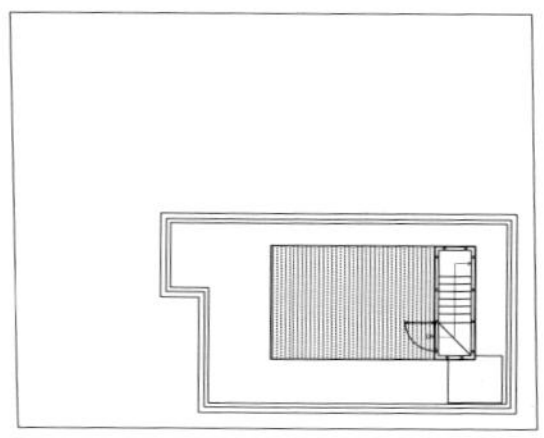

지붕층평면도

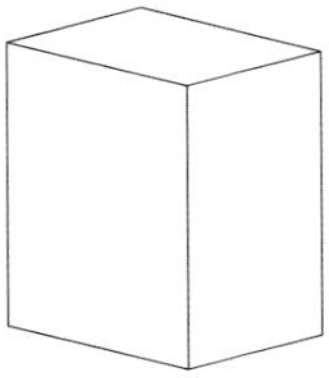

BOX

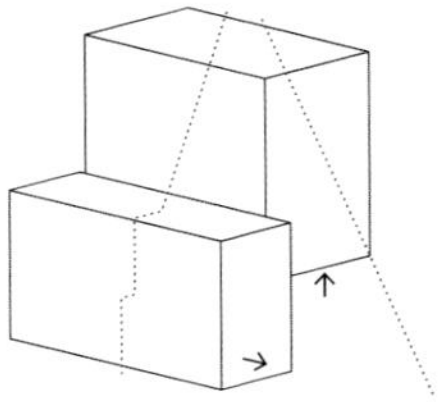

LIMITATION

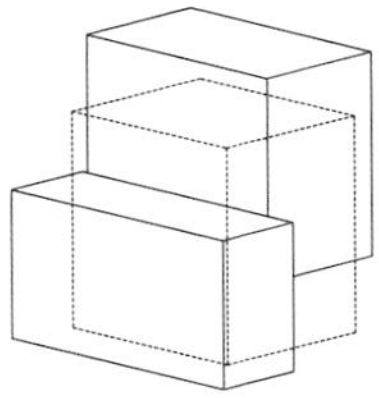

CONNECTION

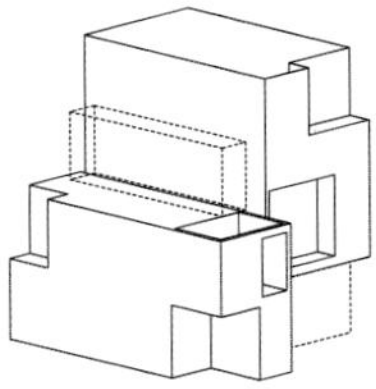

VOID

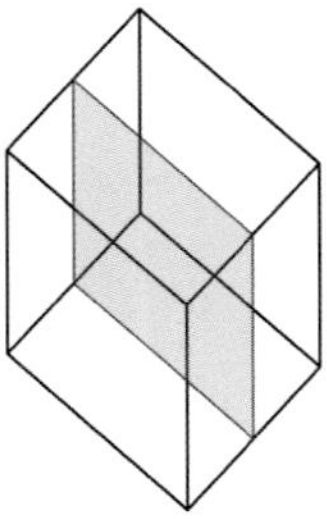

devide

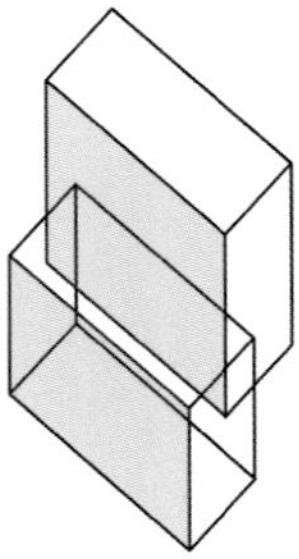

lift

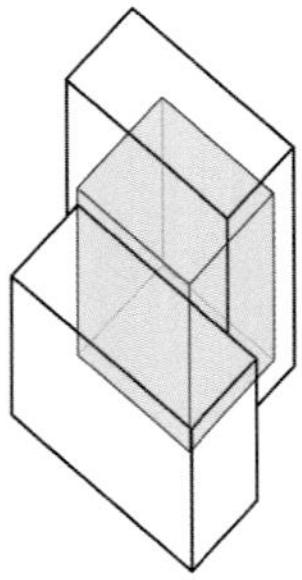

join

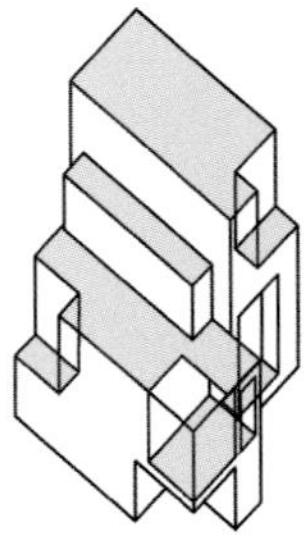

open space

레고블럭

수년전 레고 블럭회사에서 건축가들을 대상으로 자신의 건축 작업이나 조형물 또는 건축적으로 상상할 수 있는 공간을 단지 레고 블럭만으로 만들게 하고, 이를 전시한 적이 있었다. 레고블럭은 무제한적으로 제공됐고 오로지 레고 블럭만을 사용해야 했지만 만들고 싶은 것은 어떤 것이든 만들 수 있는 있었기에 어떤 상상력을 발휘했을까 궁금하기도 했다. 아이들을 대상으로 하는 레고 블럭이 건축가에게는 공간의 구축작업에 대한 근본적인 고민을 하게 한 것처럼 레고 블럭으로 모양뿐만이 아니라 공간을 만들 수도 있다는 생각을 갖게 한다는 것은, 아이들에게 너무 큰 기대일까?

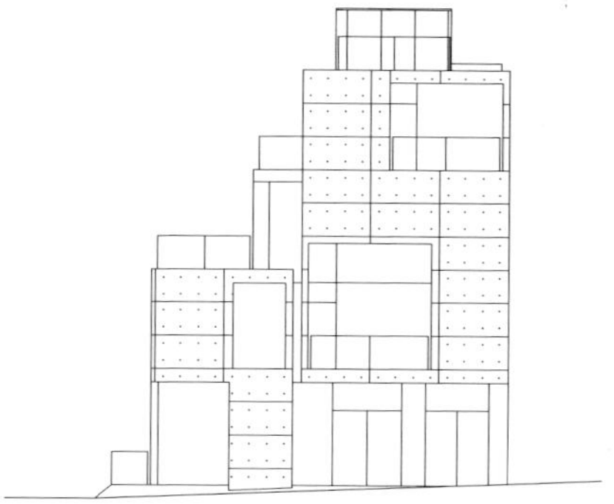

정면도

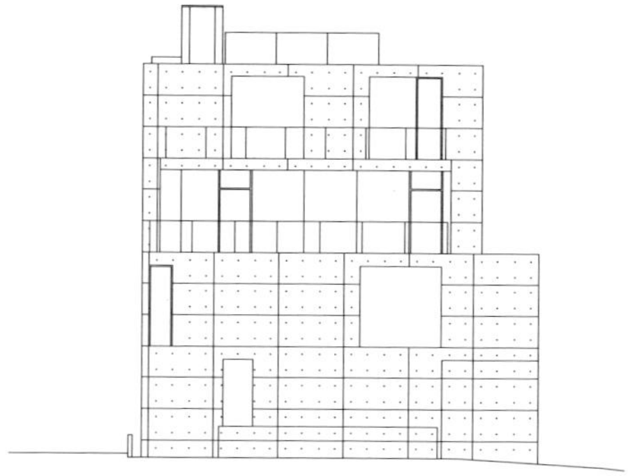

좌측면도

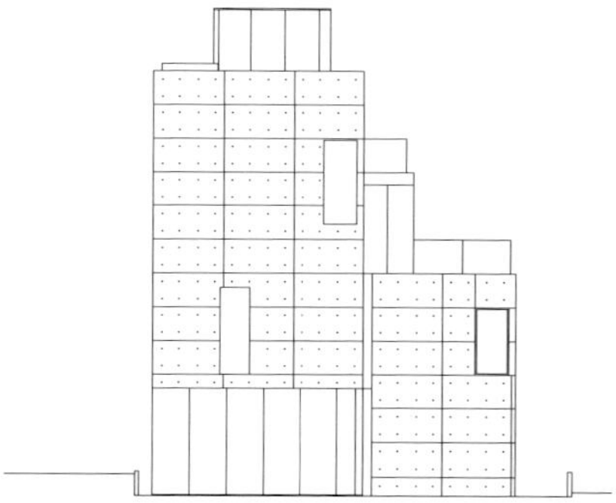

배면도

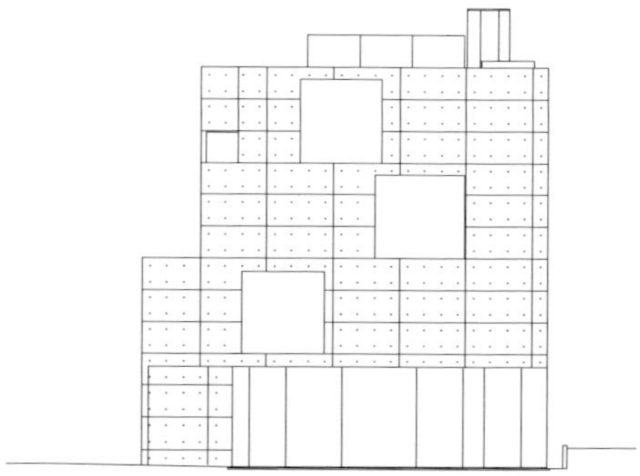

우측면도

백색콘크리트

재료 본래의 물성을 담고 있어야 하며, 자연의 빛을 고스란히 받아들이고, 사진을 위한 최소한의 배경이 되는 벽이어야 한다는 점. 이러한 스튜디오의 기능을 함축적으로 담는 건물 전체의 이미지로 백색의 노출 콘크리트를 구상했다. 백색시멘트와 골재를 배합해 만든 콘크리트에 백색의 안료를 첨가해 건물의 내벽과 외벽 및 슬라브까지 백색 노출 콘크리트로 만들었으며 최대한의 층고를 위해 슬라브는 무량판을 사용했다. 조명기구도 슬림형 형광등을 슬라브에 매입했고, 설비에서 요구되는 배관은 모두 수직적으로 처리하여 조명이나 설비를 위한 별도의 천정 공간을 생략할 수 있었다. 내·외부에 설치되는 난간 또한 콘크리트의 담백함을 가리지 않기 위해 저철분 유리를 사용하였다.

1 1층 내부
2 4층 테라스
3 2층 내부

1

2

3

1 2층 데크
2 2층 데크
3 3층 내부

1

2

3

HUMAN STARVILLE

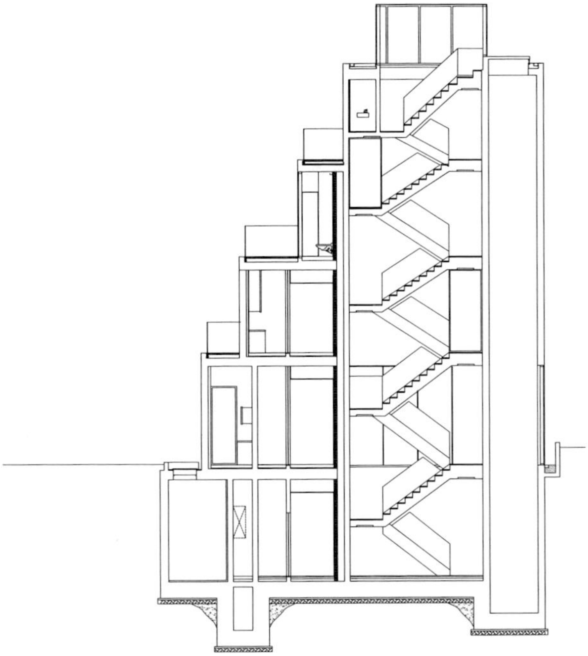

단면도 A

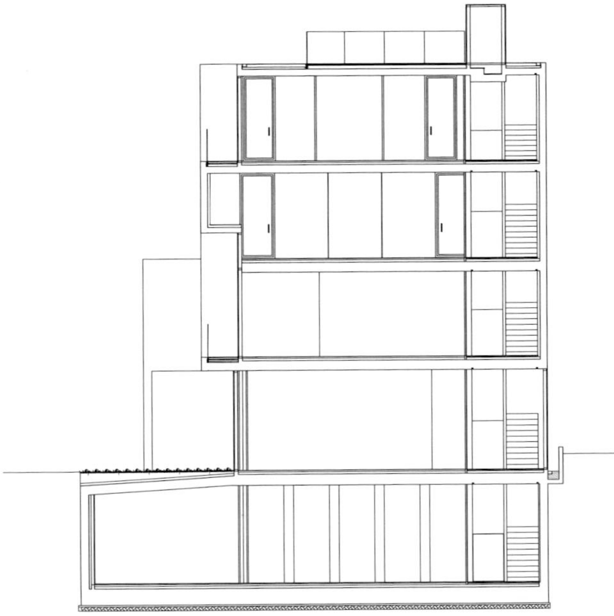

단면도 B

게르마니아

Germania

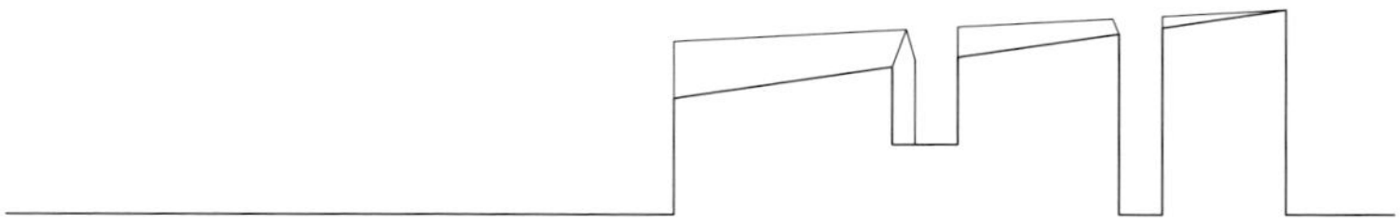

대지는 충남 당진군에서 야심차게 추진하고 있는 독일인마을에 위치한다. 수년전 당진군에서 재독일 교포들에게 토지를 분양할 당시 계획을 보면 아마도 남해에 있는 독일인 마을을 벤치마킹한 것이 아닌가 싶었다. 독일에서 살다온 건축주들에게 독일의 기억을 간직하게 해준다는 측면도 있고, 침체된 지역경제에 활력을 불어넣을 수 있는 관광단지를 만들려는 의도도 보였지만, 이미 만들어진 몇채의 주택을 보면 놀이동산의 세트를 연상시키는 박제된 독일풍의 주택단지라는 우려을 떨쳐 버릴 수 없었다. 더구나 구체적인 마스터플랜도 없이 진행된 탓인지 근교에서 흔히 볼 수 있는 택지개발 단지일뿐 원래 있었던 땅의 형국은 온데간데 없이 사라져 버린 상황이었다. 군청과의 협의과정에서 담당자가 남해 독일인마을 풍경사진과 몇권의 독일 주택관련 잡지를 보여주며 보이지 않는 압력을 행사하는걸 보면 안타깝게도 향후에 만들어질 마을의 난삽한 풍경이 머릿속에 그려졌다. 이후 프로젝트가 끝날 때까지 이땅에 지어지는 독일풍의 주택은 어떠해야 하는가가 최대의 고민거리였고, 화두가 되어 버렸다.

이러한 상황은 무대의 세트가 되느냐 마느냐를 떠나 건축의 진정성과 보편성에 대해 새삼 다시 생각해볼 수 있는 계기가 되었다. 건축은 땅의 형국이나, 자연, 환경은 물론이고 인간의 삶까지 담아내야 할 요소가 다양하고 복합적이고, 주변환경과 서로 조화를 이루어 공동체의 일부가 되어야 함에도 불구하고, 형태를 미리 규정해놓고 거기에 맞추어야 한다면, 오히려 그것을 인정하고 적극적으로 받아들이기로 하였다. 복잡한 주변상황과 대비되도록 절제된 형식을 구상한 반면 내부의 공간구성은 다양한 시도를 해보고 싶었다.

건축가 정승권 (아르키움)
설계담당 정상준, Daniel Wolfenden
대지위치 충청남도 당진군 고대면 당진포리 120-60
지역 계획관리지역
용도 다가구주택, 근린생활시설
대지면적 734㎡
건축면적 139.48㎡
연면적 219.42㎡
건폐율 19%
용적률 29.89%
규모 / 층수 지상2층
주차대수 2대
구조 철근콘크리트
내부마감 바닥 _ 판넬히팅 위 온돌마루
벽 _ 석고보드 2겹위 지정벽지
천정 _ 석고보드 2겹위 지정벽지
외부마감 노출콘크리트, T31 삼중유리 커튼월 ,T25 우드사이딩
구조설계 ㈜센구조엔지니어링
시공 ㈜코아즈건설
기계 ENG 에너지디자인연구소
전기 ㈜극동문화전기설계
사진 박영채

배치도

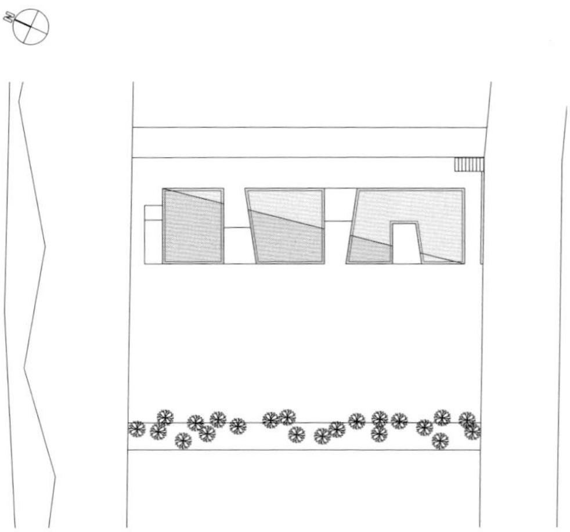

남서쪽의 멀리 보이는 저수지와 축사들이 있는 마을의 풍경은 흔한 시골 풍경인 반면, 북서쪽 대지 아래로 펼쳐진 소나무군락이 오히려 좋은 조망이 가지고 있었다. 각각의 필지들은 이미 2미터씩 레벨차이들 두어 평평하게 대지가 조성되어 있어 지형을 살려서 계획하기는 어렵게 되어버렸고, 앞뒤로 집이 들어선다면 1층에서의 조망은 북서쪽을 제외하면 좋은 조망은 기대하기 어려운 조건이었다. 70평이 안 되는 연면적에 두 건축주 부부는 단독주거가 아닌 4개의 주거유닛을 가진 주거형식을 요구하였고 그중 하나는 작은 카페의 기능을 겸하기를 원하였다. 가족관계인 독일인 남편을 포함한 노부부와 중년의 건축주 부부는 1층에는 넓은 마당을 공유할 수 있는 15평정도의 주거유닛을 원하였고, 2층에는 각각 임대할 수 있는 2개의 펜션형 주거공간을 요구하였다. 4개의 유닛을 분리하고 조합하여 만든 틈에 다양한 형식의 외부공간의 가능성이 보였고, 새로운 형식의 독일식 박공지붕의 변형가능성까지 떠올랐다.

조망과 마당을 고려하여 대지의 뒤쪽 편에 장방형의 박스를 남북방향으로 길게 배치하였다. 주어진 프로그램을 고려하면 단순하고 긴 상자면 충분하겠지만 지침이나 주변의 상황을 고려하여 박공형태의 지붕을 만들기로 한다. 단순한 박공지붕의 양 꼭지점의 위치를 달리하면 약간 뒤틀리게 되는데 이는 2층 펜션의 실내에서 색다른 공간감을 만들어낼 것이다. 뒤틀린 박공지붕의 형태를 벽과 지붕이 하나로 연결되어 연속성을 가지는 스파이럴 형식으로 만들었다. 콘크리트 스파이럴 벽체의 벌어진 틈을 외부공간

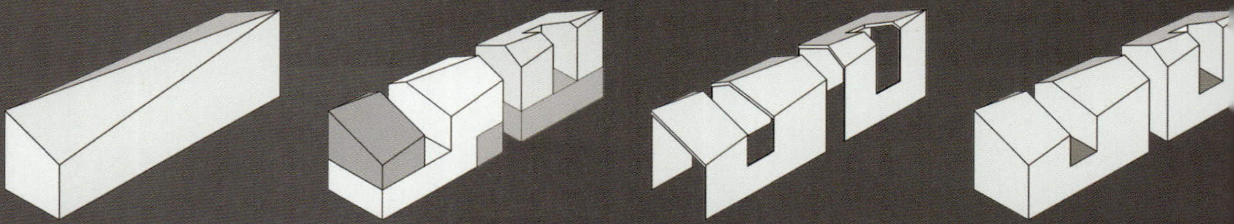

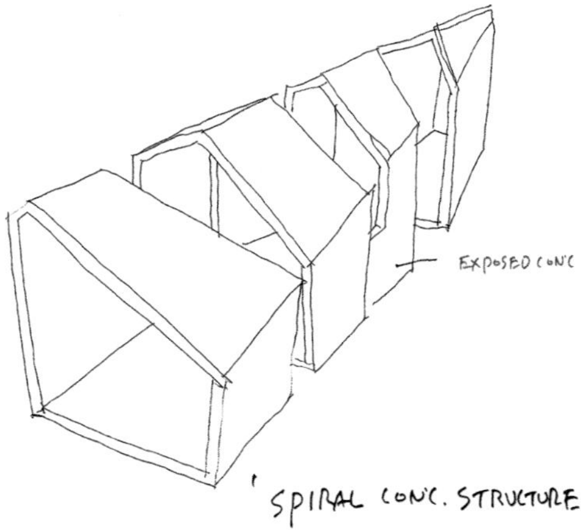

화 하여 빛과 바람과 자연을 담는 장치로 삼았다. 콘크리트로 만들어진 스파이럴판은 구조벽과 지붕이 되어 전체의 틀을 형성하고, 판의 직각방향으로 관통하는 공간은 목재패널과 유리로 만들어 공간의 확장성과 융통성을 기대 하였다. 벽과 지붕이 하나의 구조체가 되어 공간 전체의 큰 얼개를 만들고, 그 속의 공간은 규정되지 않는 다양한 프로그램과 변화를 받아들일수 있게 하였다.

각각의 주거유닛들의 중심과 그 사이공간에는 작은 마당을 두어 조망과 휴식, 채광과 환기등의 기능이외에, 여유와 사색의 공간이 되어 자연을 느끼고 관조할 수 있는 건축적 장치가 되도록 하였다. 이는 탈도시에서 가져야 하는 일상의 일탈을 담는 공간을 만들고자 함인데, 전원에서의 삶은 도시에서와는 달라야 할 것이며, 여유로움과 사색의 시간이 필요할 것이기 때문이다.

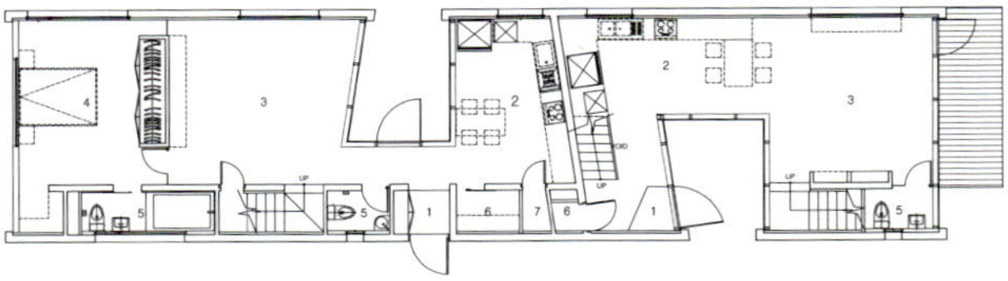

1층평면도

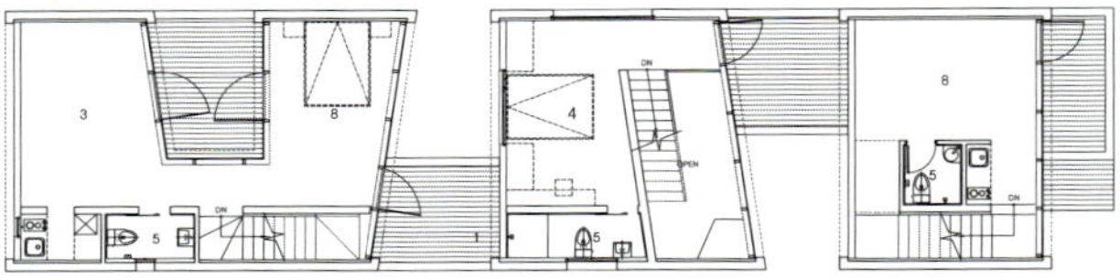

2층평면도

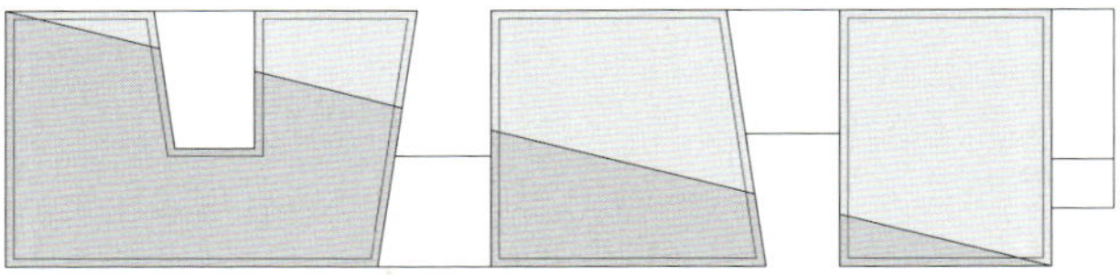

지붕층평면도

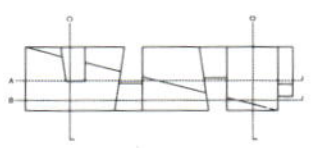

단면도 A

1

2

3

1 2층 내부
2 2층 내부
3 계단
4 마당

4

1 2층 내부
2 1층 내부
3 남동측 외부

1

2

3

전월세

Slope

● 301

슬로프

Slope

도산대로의 이면도로에 접한 대지는 인근 가로수길의 영향으로 주거보다 상업적인 기능을 가진 건물들로 급속히 변해가는 흐름의 한 자락에 위치한다. 지적도상에서 보이는 땅의 형상은 비정형적이고, 삼면이 도로로 둘러싸인 모퉁이에 자리하고 있다. 또한 대로변에 접한 북사면지역인데다 매우 급한 경사면을 가지고 있기도 하다. 이길을 오르고 내리는 사람들의 움직임을 관찰하다 이 흐름을 건물의 내부공간까지의 동선으로 그대로 끌어들이는 것을 공간구성의 기본개념으로 삼았다. 변화하는 주변상황에 대한 대응으로 건물의 외부는 자신을 내세우지 않는 침묵하는 벽을 구상하였다. 접혀서 세워진 종이처럼 벽을 대지전체를 감싸서 둘러치고 중첩시켰고, 그 벽들 사이에 동선의 흐름을 끼워 넣었다. 외부와는 대조적으로 안쪽의 벽면과 내부공간은 도시의 일상적인 표정과 사람들의 움직임을 단순화하고 추상화하여 담고자 하였다.

바깥쪽으로는 도로경계선상의 급경사 도로면을 따라 상업시설의 기능을 가장 축약해 담을 수 있는 좁고 긴 단순한 입방체를 남북축으로 배치하였고, 그로인해 만들어진 안쪽공간에는 건물각층을 가로지르고 연결하는 계단을 만들었다. 계단 또한 일조사선제한선 내에서 움직여야 하므로 방향을 틀기도하고 뒤집기도 하였는데, 이는 동선의 흐름을 역동적으로 만들어낼 것이다. 도로에 접한 모퉁이의 두면은 가급적 무표정한 콘크리트벽으로 만들었고, 반대편의 두면은 도시의 복잡하고 역동적인 모습을 투영시켰다.

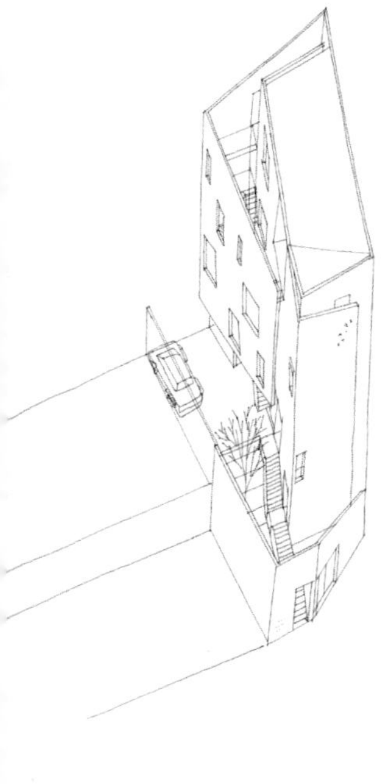

저층부의 3개층은 접근성을 고려하여 3개의 도로면에서 건물내부로 진입하는 출입구를 각각 만들었다. 경사진 대지의 최대한을 들어내어 지하층을 만들었고 주도로에서 레벨을 1.2M 낮추어 2개의 지하층을 만들었다. 건폐율등을 고려하면 지상의 기준층면적 이상을 만들기 어려운 조건이므로 가급적 지하층의 법적 산정기준내에서 충족시켜야만 하였다. 이는 대지가 가진 경사지라는 특수한 조건을 건축법의 한계내에서 최대한 이용한 결과이기도 하지만, 최대의 연면적을 만들어내야하는 소규모 임대건물이 가져야하는 상업적측면을 최대한 반영한 결과이기도 하다. 건축법상 지하층 산정범위를 제외한 부분은 선큰의 기능을 담는 작은 마당을 설치하여 채광과 환기가 이루어지도록 하였고, 지상층과 지하층의 경계부분인 1층은 주차의 기능을 포함하는 필로티공간으로 하여 건물전체의 동선흐름에 여유를 줄 수 있는 매개공간의 역할을 하도록 하였다.

설계	정승권(아르키움) + 김인철 (중앙대학교)
설계담당	이연옥
대지위치	서울시 강남구 신사동 563번지
용도	근린생활시설
대지면적	233 ㎡
건축면적	115.62 ㎡
연면적	728.80 ㎡
규모	지하 2층, 지상 5층
건폐율	49.62%
용적률	181.74%
구조	철근콘크리트 벽식구조
외부마감	노출콘크리트 + T24 복층유리
주차대수	5대
구조설계	㈜아이맥스트럭쳐
시공	㈜코아즈건설
기계	ENG 에너지디자인연구소
전기	㈜극동문화전기설계
소방	㈜창우에프이엔씨
사진	박영채

배치도

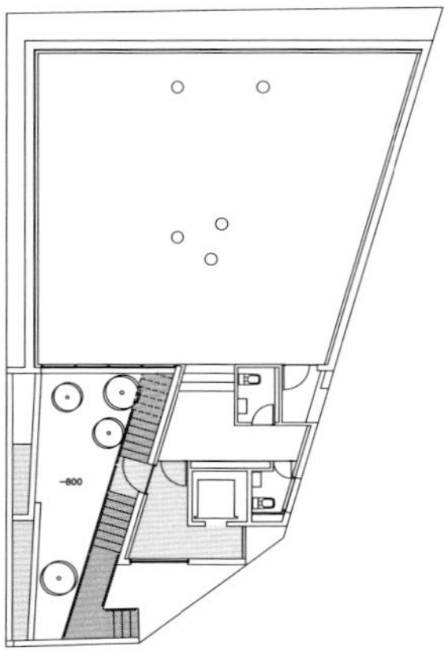

지하 1층평면도

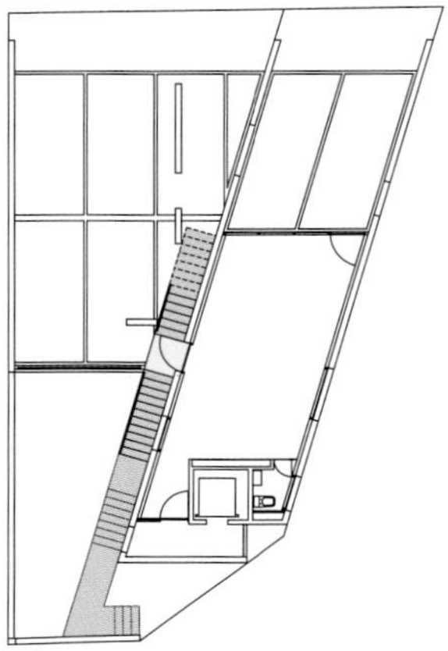

1층평면도

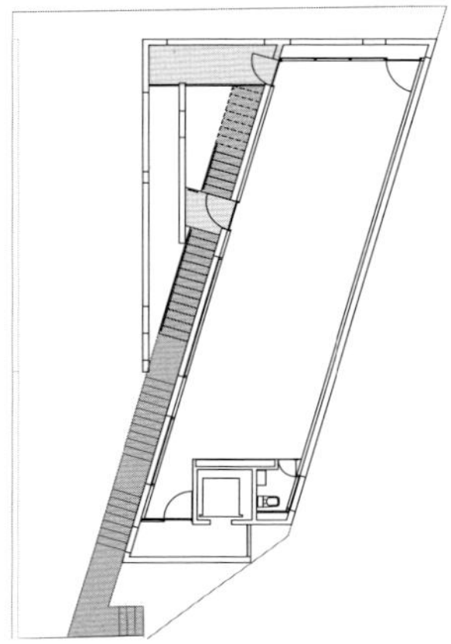

2층평면도

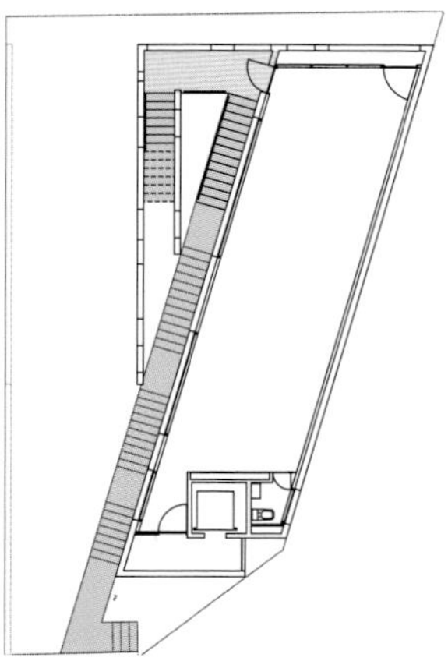

3층평면도

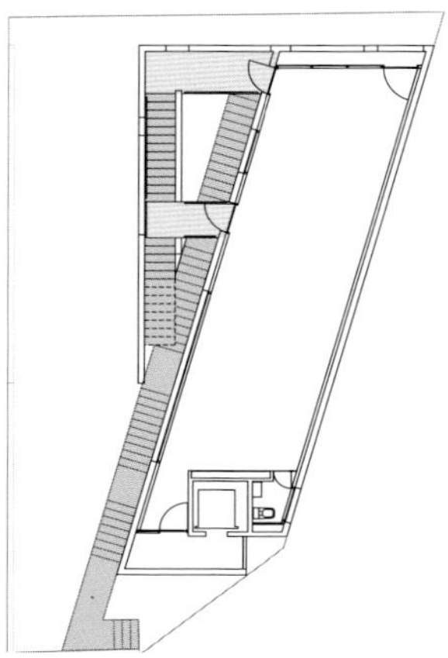

4층평면도

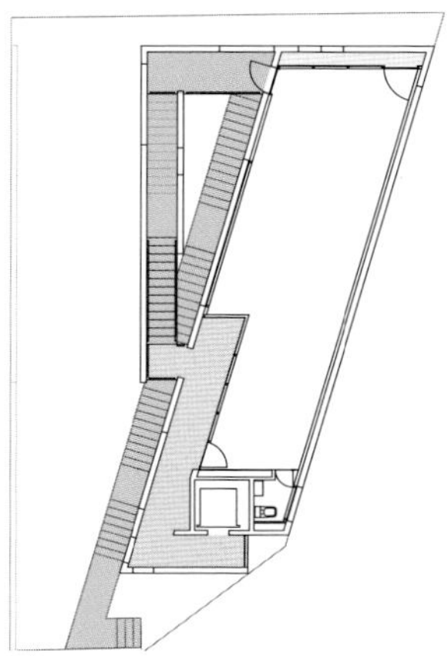

5층평면도

1 5층 테라스
2 마당 (정원)
3 4층 계단
4 계단

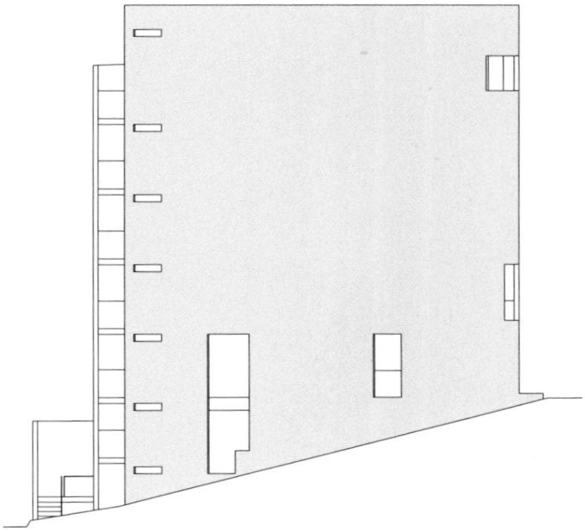

우측면도

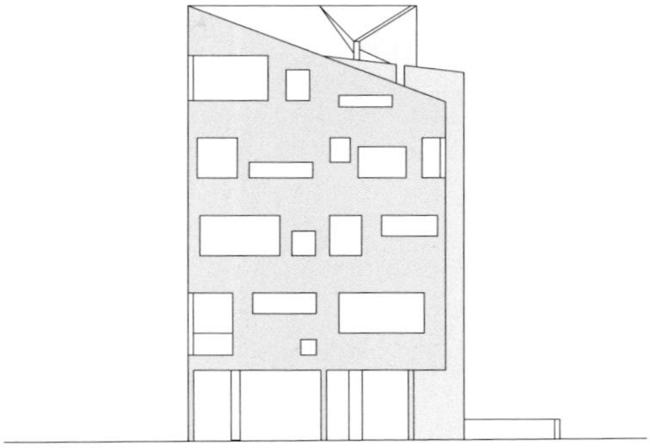

배면도

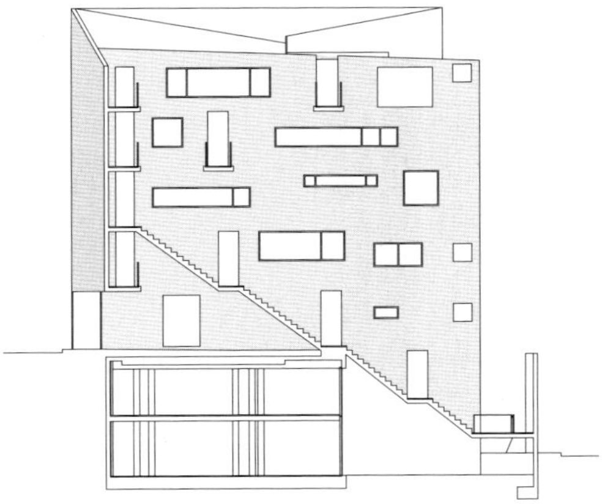

단면도_A

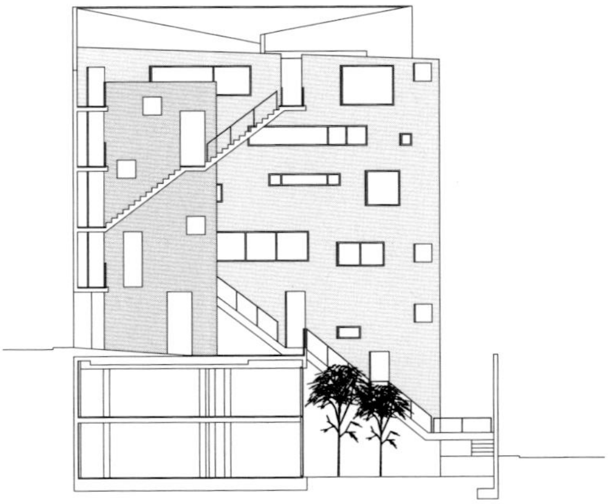

단면도_B

1 지하1층 내부
2 계단
3 계단

1 5층 내부
2 배면

1

2

1

1 1층 주차장
2 5층 내부
3 4층 내부

2

3